计算机应用
基础理论与实践研究

刘秋静　耿兴隆 ◎ 著

北京工业大学出版社

图书在版编目（CIP）数据

计算机应用基础理论与实践研究 / 刘秋静，耿兴隆著. —北京：北京工业大学出版社，2018.12（2021.5 重印）
ISBN 978-7-5639-6529-8

Ⅰ. ①计… Ⅱ. ①刘… ②耿… Ⅲ. ①电子计算机 Ⅳ. ①TP3

中国版本图书馆CIP数据核字（2019）第 021076 号

计算机应用基础理论与实践研究

著　　者：刘秋静　耿兴隆
责任编辑：申路好
封面设计：晟　熙
出版发行：北京工业大学出版社
　　　　　（北京市朝阳区平乐园 100 号　邮编：100124）
　　　　　010-67391722（传真）　bgdcbs@sina.com
经销单位：全国各地新华书店
承印单位：三河市明华印务有限公司
开　　本：787 毫米×1092 毫米　1/16
印　　张：12
字　　数：240 千字
版　　次：2018 年 12 月第 1 版
印　　次：2021 年 5 月第 2 次印刷
标准书号：ISBN 978-7-5639-6529-8
定　　价：66.00 元

版权所有　翻印必究

（如发现印装质量问题，请寄本社发行部调换 010-67391106）

前　言

在现代社会，计算机已经渗透到科学技术的各个领域，渗透到人们的工作、学习和生活中，已成为社会文化不可缺少的一部分。学习计算机知识、掌握计算机的基本应用技能已成为时代对人们最基本的要求。作为新世纪的学生，尽快了解、掌握计算机及其信息技术的基础知识，迅速熟悉计算机及互联网的基本技能，是适应社会需求的基本要求。

本书采用情景案例教学方式，知行并举，尤其注重强化学生的实践操作技能。全书包括计算机基础知识、Windows 7 操作系统、文字处理软件 Word 2010、电子表格处理软件 Excel 2010、演示文稿制作软件 PowerPoint 2010 五部分内容。

本书在介绍单个项目时，尽力将每一个知识点都完全融合到具体的案例中。这样学生在学习每一部分内容时，不仅学会了操作方法，还了解了相关内容及其产生背景。本书对相关知识点的归纳与总结可以使学生对知识的掌握做到"必须和够用"。

尽管笔者力求完美，但由于水平有限，书中难免存在不足之处，敬请广大读者批评指正。

作　者

2018 年 12 月

目录

第一章　计算机基础知识 ·· 1

　　第一节　计算机概述 ·· 1
　　第二节　认识计算机 ·· 5
　　第三节　熟悉计算机中数据的存储 ··· 20
　　第四节　计算机的使用及维护 ·· 27

第二章　Windows 7 操作系统 ·· 31

　　第一节　Windows 7 系统的基本操作 ·· 31
　　第二节　Windows 7 系统的文件及文件夹管理 ··· 44
　　第三节　系统的个性化 ··· 57

第三章　文字处理软件 Word 2010 ·· 66

　　第一节　认识 Word 2010 ·· 66
　　第二节　编辑文本 ··· 69
　　第三节　设置文本格式 ··· 79
　　第四节　设置文档页面格式 ·· 92
　　第五节　图文混排 ··· 97
　　第六节　在文本中插入表格 ·· 104
　　第七节　文档的显示模式及打印输出 ··· 110

第四章　电子表格处理软件 Excel 2010 ·· 113

　　第一节　Excel 2010 的基本操作 ··· 113
　　第二节　工作表的美化 ··· 124
　　第三节　数据计算与分析 ··· 132
　　第四节　数据处理 ··· 139

第五节　图表与数据透视表……………………………………………………………151

　　第六节　综合案例………………………………………………………………………158

第五章　演示文稿制作软件 PowerPoint 2010 ……………………………………………162

　　第一节　PowerPoint 2010 演示文稿基础操作 ………………………………………162

　　第二节　幻灯片基础操作………………………………………………………………166

　　第三节　幻灯片格式设置………………………………………………………………167

　　第四节　在幻灯片中添加对象…………………………………………………………170

　　第五节　创建与编辑超链接……………………………………………………………173

　　第六节　设置与应用母版………………………………………………………………175

　　第七节　幻灯片放映设置………………………………………………………………176

参考文献………………………………………………………………………………………184

第一章　计算机基础知识

人类社会已经进入21世纪的第二个十年，信息技术得到了迅速发展和广泛应用，极大促进了社会信息化进程。在当今的信息社会，计算机作为不可或缺的工具，在人们的生产、生活中正在发挥着越来越重要的作用。掌握信息技术的基本应用，已成为现代职场对从业人员的基本要求。

第一节　计算机概述

一、计算机的发展

人类历史上第一台通用计算机"埃尼阿克"（ENIAC）于1946年2月在美国宾夕法尼亚大学问世以来，电子计算机得到了飞速发展。若以计算机逻辑器件的变革作为标志，可将计算机的发展分为四个阶段，各个阶段的划分及主要应用领域见表1-1。

表1-1　电子计算机发展的四个阶段

阶　段	起止年份	硬件特征	软件特征	应用领域
第一阶段	1946~1958	电子管	机器语言、汇编语言	科学计算 军事研究
第二阶段	1959~1964	晶体管	高级语言 简单的操作系统	数据处理 事务管理
第三阶段	1965~1970	中小规模集成电路	功能较强的操作系统 高级语言 结构化、模块化的程序设计	工业控制 信息处理
第四阶段	1971~	大规模、超大规模集成电路	功能完善的操作系统 数据库系统 面向对象的软件设计方法 网络软件迅速发展	社会各领域

1971年11月，美国英特尔（Intel）公司成功用一块芯片实现了中央处理器（简称CPU）的功能，制成了世界上第一个微处理器（简称MPU）芯片Intel 4004，并以它为核心组成了世界上第一台微型计算机MCS-4，从此揭开了微型计算机发展的序幕。

微型计算机（简称微机），又称为个人计算机，属于第四代计算机。它是随着大规模及超大规模集成电路出现而出现的。由于微型计算机具有体积小、重量轻、功耗小、可靠性高、价格低廉、易于批量生产、对使用环境要求低等特点，所以微型计算机一出现，便显示出其强大的生命力。

目前，电子计算机的发展趋势有如下几个方面。

1. 巨型化

天文、军事、仿真等领域需要进行大量的计算，要求计算机有更快的运算速度、更高的运算精度、更大的存储容量，这就需要研制功能更强的巨型计算机。巨型计算机代表着一个国家计算机科学技术的发展水平。

2. 微型化

随着微电子技术的飞速发展，芯片的集成度越来越高，速度越来越快，体积越来越小，计算机向着微型化方向发展。微型计算机已经大量进入办公室和家庭，但人们需要体积更小、更轻巧、更易于携带的微型机，以便出门在外或在旅途中继续使用。笔记本计算机、平板计算机和掌上计算机便应运而生，并迅速普及。

3. 网络化

互联网的崛起，大大促进了计算机应用由单机占主导的个人计算机时代向着以互联网占主导的网络时代转变。通过互联网，人们足不出户就可获取大量的信息，与世界各地的亲友快捷通信、进行网上贸易等。互联网正以远远超出人们预料的速度把社会推向网络时代。

4. 智能化

智能计算机具有更多的类似人的智能，在某种程度上模仿人推理和判断等思维活动，并能听懂人类的语言，具有识别图形、自行学习等功能。

二、计算机的分类

计算机的分类方法很多，根据计算机的规模和处理能力可以把计算机分为以下六类。

1. 巨型计算机

巨型计算机是指具有极高性能的大规模计算机。其运算速度快、存储容量大，运算速度能达到每秒几十亿次，甚至上万亿次，主存容量高达几百兆字节甚至几百万兆字节。这类机器价格相当昂贵，主要用于复杂、尖端的科学研究领域，特别是军事科学计算。之前由国防科技大学研制的"银河"和国家智能中心研制的"曙光"都属于巨型计算机。

2. 大中型计算机

大中型计算机是指通用性能好、外部设备负载能力强、处理速度快的一类计算机。这类计算机主要为大中型企业设计，规模较大且造价较高，有极强的综合处理能力，主要用于科学计算、数据处理或作为网络服务器。

3. 小型计算机

小型计算机具有规模较小、结构简单、成本较低、操作简单、易于维护、与外部设备连接容易等特点，是在20世纪60年代中期发展起来的一类计算机。当时微型计算机还未出现，许多工业生产自动化控制和事务处理都采用小型机，因而得以广泛推广应用。

4. 微型计算机

微型计算机是目前计算机中数量最多的一类，具有功能强、体积小、灵活性高、价格便宜等优势。

5. 工作站

工作站是指为了某种特殊用途而将高性能的计算机系统、输入/输出设备以及专用软件结合在一起的系统。它的独到之处是具有大容量主存、大屏幕显示器，特别适合于计算机辅助工程。例如，图形工作站一般包括主机、数字化仪、扫描仪、鼠标器、图形显示器、绘图仪和图形处理软件等，它可以完成对各种图形与图像的输入、存储、处理和输出等操作。

6. 服务器

服务器是在网络环境下为多用户提供服务的共享设备，按用途一般分为文件服务器、打印服务器、数据库服务器和通信服务器等。该设备连接在网络上，网络用户在通信软件的支持下可以远程登录，共享各种服务。

目前，微型计算机与工作站、小型计算机乃至中大型计算机之间的界限越来越模糊。各类计算机之间的主要区别是运算速度、存储容量及机器体积等方面。

三、计算机的特点

计算机能够高速、精确、自动进行科学计算和信息处理，与过去的计算工具相比，有以下主要特点。

1. 处理速度快

计算机能以极高的速度进行算数运算和逻辑判断，这是计算机的突出特点。极高的处理（运算）速度，使得过去无法快速处理的问题能够及时得到解决。例如，天气预报需要分析处理大量的气象数据资料，其计算工作量巨大，而且要在极短的时间内完成，只有使用计算机才可以实现。

2. 计算精度高

计算机的字长越长，计算精度越高。只要配置相关的硬件电路，就可以增加字长，从而提高计算精度。目前计算机的精度已达几十位，甚至几百位的有效数字。

3. 具有可靠的逻辑判断能力

计算机具有准确可靠的逻辑判断能力，这是因为计算机的运算器不仅能进行算术运算，还能进行逻辑运算。计算机的逻辑判断能力使计算机能广泛用于非数值数据处理领域，如信息检索、图形识别以及各种多媒体应用等，具有很强的通用性。

4. 具有超强的"记忆"功能

计算机具有超强的"记忆"功能是指计算机能够存储大量信息，保留计算和处理的结果。这是由于计算机具有由内存储器和外存储器构成的存储系统，如计算机可以把一个大型图书馆的全部文献资料存储在计算机系统中，随时提供检索服务。

计算机计算能力、逻辑判断能力和记忆能力三者结合，使之足以模仿人的某些智能活动。因此，计算机不仅仅是计算的工具，还是人类脑力延伸的重要工具。

5. 高度的自动化及人机交互功能

计算机采取存储程序方式工作，即把编写好的程序输入计算机，计算机就能依次逐条执行，不需要人的干预，直到程序结束，这就使计算机实现了高度的自动化；计算机具有多种输入、输出设备，配上适当的软件后，可支持用户进行方便的人机交互。

四、计算机的应用

计算机的应用已经渗透到人类社会生活的各个领域，不仅在自然科学领域得到广泛的应用，而且已进入社会科学各领域及人们的日常生活。据统计，计算机的应用领域还在不断扩大。归纳起来，计算机的应用主要有以下几个方面。

1. 科学计算

科学计算也称为数值计算，是指用于完成科学研究和工程技术中提出的数学问题计算。科学计算是计算机最早的应用领域。一些现代尖端科技的发展，都是建立在计算机的基础上，如人造卫星轨道计算、气象洋流预报、高能粒子实验等。随着计算机技术的发展和应用的普及，科学计算在其应用方面所占的比重在逐年下降，但至今仍是一个重要的应用方面。

2. 信息处理

信息处理也称为数据处理、非数值处理或事务处理，是指对大量信息进行存储、加工、分类、统计、查询等处理。一般来说，科学计算的数据量不大，计算过程比较复杂；而信息处理数据量很大，计算方法较简单。现代社会是信息化的社会，计算机在信息处理方面的应用范围日益扩大，信息处理已经成为计算机应用最广泛的领域，如企业管理、物资管理、电算化等。

3. 过程控制

过程控制也称为实时控制，是指利用计算机及时采集检测数据，按最佳值迅速对控制对象进行自动控制或自动调节。例如，在冶金、机械、电力、石油化工等产业中用计算机来控制各种自动装置、自动仪表、生产过程等。自动控制不仅能通过连续监控提高生产的安全性和自动化水平，同时也提高了产品质量，降低了成本，减轻了劳动强度。例如，卫星飞行方向控制，工业生产自动化方面的巡回检测、自动记录、监视报警、自动起停、自动控制等。

4. 计算机辅助系统

计算机辅助系统是以计算机为工具，配备专用软件，辅助人们完成特定任务的程序，它以提高工作效率和工作质量为目标。例如，计算机辅助设计 CAD、计算机辅助制造 CAM、计算机辅助测试 CAT、计算机辅助教学 CAI 等。

5. 人工智能

人工智能（AI）是用计算机模拟人类的智能活动，如模拟人脑学习、推理、判断、理解、问题求解等过程，辅助人类进行决策，如专家系统。人工智能是计算机科学研究领域最前沿的学科，近些年来已应用于机器人、医疗诊断、模式识别、智能检索、机器翻译等方面。

6. 互联网丰富了日常生活

信息高速公路是在 1992 年由美国阿尔·戈尔提出的，其目标是将美国所有信息库及信息网络连成一个全国性的大网络，并连接到所有的机构和家庭，让各种各样的信息都能在大网络里交互传输。互联网的发展为我国的教育、科研、经济、金融、通信等各个领域提供了广泛的服务，同时也丰富了网络在日常生活中的应用。从电子邮件到 IP 电话，从万维网浏览到聊天室会友，从信息卡到电子商务，这些方面吸引了大批普通人加入互联网的用户群中。

第二节　认识计算机

一、计算机硬件系统

1. 冯·诺依曼原理

1945 年，美籍匈牙利数学家冯·诺依曼首先提出了"存储程序"的概念和二进制原理，其核心是"存储程序"和"程序控制"。冯·诺依曼计算机的基本特点如下。

（1）采用"存储程序"方式，将指令和数据同时存放在存储器中。

（2）采用"程序控制"方式，通过执行指令直接发出控制信号控制计算机的操作。

（3）计算机应由五个部分组成：运算器、控制器、存储器、输入设备和输出设备。

2. 计算机的硬件结构

计算机硬件通常由五部分组成，其结构如图 1-1 所示，图中虚线为控制信号流，由控制器发出，控制各部件协调工作；实线为数据信息流，在各部件之间传递数据。

下面分别介绍各部分的功能。

（1）控制器。控制器是整个计算机的指挥中心，它负责对指令进行分析、判断，发出控制信号，控制计算机的有关设备协调工作，确保系统正常运行。

（2）运算器。运算器是对信息进行加工处理的部件，它在控制器的控制下与内存交换信息，完成对数据的算术运算和逻辑运算。控制器和运算器一起组成了计算机的核心，称为中央处理器，即CPU(Central Processing Unit)。

（3）存储器。存储器是计算机的记忆装置，用来存储程序和数据，并根据指令向其他部件提供这些数据。为了对存储的信息进行管理，需要把存储器划分成单元，每个单元的编号称为该单元的地址。存储器内的信息是按地址存取的，向存储器内存入信息称为"写入"，从存储器里取出信息称为"读出"。计算机的存储器可分为主存储器和辅助存储器两种，又被称为内存储器和外存储器。

通常把控制器、运算器和主存储器一起称为主机，而其余的输入、输出设备和辅助存储器称为外部设备。

（4）输入设备。输入设备能把程序、数字、图形、图像、声音等数据转换成计算机可以接收的数字信号并输入到计算机中。

（5）输出设备。输出设备是用来输出结果的设备。

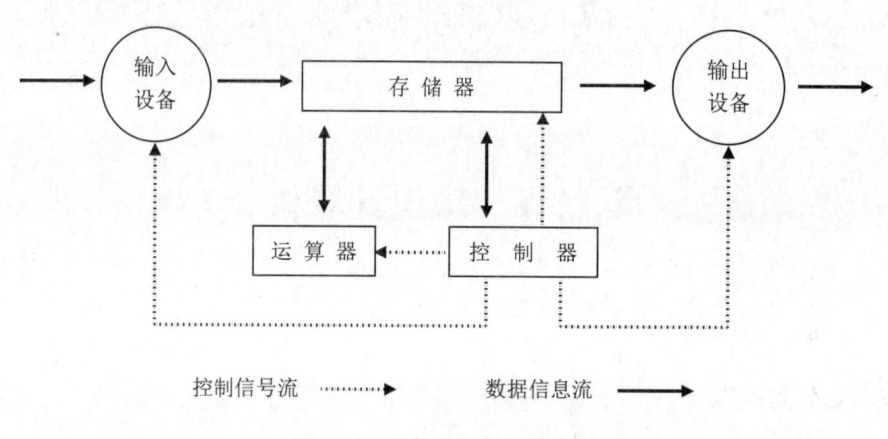

图 1-1 计算机硬件结构框图

3. 计算机系统的主要技术指标

（1）字长。运算器所能并行处理的二进制数的位数通常称为计算机的字长。字长的长短直接影响计算机的功能强弱、精度高低和运算速度的快慢。随着芯片制造技术的不断进步，各类计算机的字长都有增加的趋势。

（2）时钟频率和时钟周期。计算机的中央处理器对每条指令的执行是通过若干个微操作来完成的，这些微操作都是按系统时钟的节拍来"动作"的。时钟周期是时钟频率的倒数，系统时钟的快慢在很大程度上决定了计算机的运算速度。例如，Pentium 4 的时钟频率在 1.4GHz 到 3.2GHz。

（3）运算速度。计算机的运算速度是衡量计算机水平的一项主要指标，它取决于指令执行时间。运算速度的计算方法多种多样，常用单位时间内执行多少条指令来表示。而计算机执行各种指令所需时间不同，因此常在一些典型题目计算中，根据各种指令执行的频度以及每种指令执行的时间来折算出计算机的等效速度。

（4）内存容量。内存容量表示计算机存储信息的能力，并以字节（Byte）为单位来表示。1个字节为8个二进制位，即1 Byte=8bit。存储器的容量都比较大，常用来描述存储容量的单位有千字节（KB）、兆字节（MB）和千兆字节（GB），这些单位的关系如下。

1KB=2^{10}Byte=1024Byte，1MB=2^{10}KB=1024KB，1GB=2^{10}MB=1024MB。

二、计算机软件系统

计算机的软件系统是计算机系统中不可缺少的组成部分，没有软件，计算机是无法正常工作的。软件是提高计算机使用效率，扩充计算机功能的各类程序、数据和有关文档的总称。程序是为了解决某一问题而设计的一系列指令或语句的有序集合；数据是程序处理的对象和处理的结果；文档是描述程序操作及使用的有关资料。计算机软件一般分为系统软件和应用软件两大类，其组成如图1-2所示。

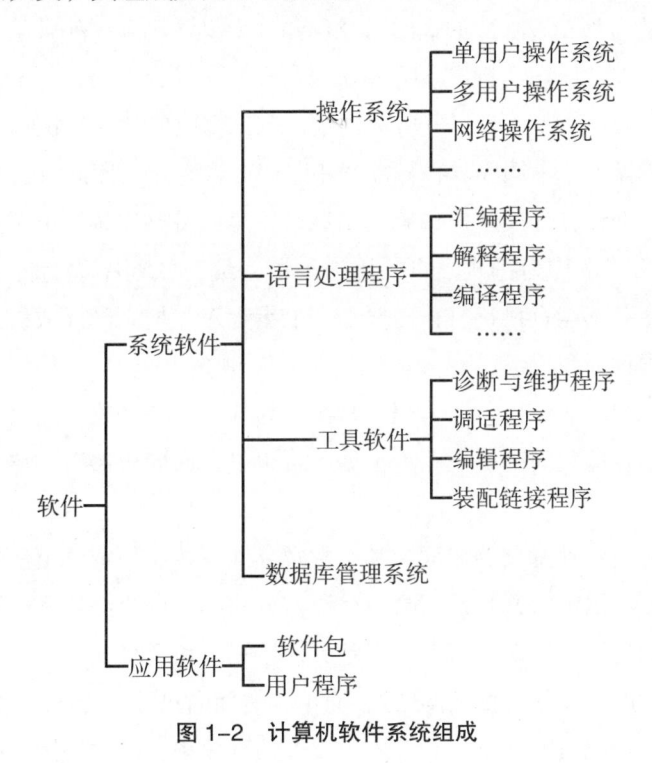

图1-2 计算机软件系统组成

1. 系统软件

系统软件是指管理、控制和维护计算机的各种资源，以及扩大计算机功能和方便用户使用计算机的各种程序集合。它是构成计算机系统必备的软件，通常又分为操作系统、工具软件、数据库管理系统、程序设计语言和语言处理程序五类。

系统软件有两个显著的特点：一是通用性，其算法和功能不依赖于特定的用户，普遍适用于各个应用领域；二是基础性，其他软件都是在系统软件的支持下进行开发和运行的。

（1）操作系统。操作系统是计算机硬件的第一级扩充，是软件中最基础和最核心的部分。它由一系列具有控制和管理功能的模块组成，以实现对计算机全部软、硬件资源的控制和管理，支持其他软件的开发和运行，使计算机能够自动、协调、高效地工作。

（2）工具软件。工具软件主要包括机器的调试、故障监测和诊断及各种开发调试工具类软件等。

（3）数据库管理系统是数据库系统的核心，是管理数据库的软件。数据库管理系统就是实现把用户意义下抽象的逻辑数据处理，转换成为计算机中具体的物理数据处理的软件。有了数据库管理系统，用户就可以在抽象意义下处理数据，而不必顾及这些数据在计算机中的布局和物理位置。

（4）程序设计语言。计算机语言又称为程序设计语言，是人机交流信息的一种特定语言。目前，程序设计语言可分为三类：机器语言、汇编语言和高级语言。

①机器语言是计算机硬件系统能直接识别的计算机语言，不需翻译。机器语言中的每一条语句实际上是一条二进制数形式的指令代码，由操作码和操作数组成。操作码指出应该进行什么样的操作，操作数指出参与操作的数本身，或它在内存中的地址。使用机器语言编写程序，工作量大、难于记忆、容易出错、调试修改麻烦，但执行速度快。

机器语言随机器型号不同而异，不能通用，因此说它是"面向机器"的语言。

②汇编语言用助记符号代替操作码，用地址符号代替操作数。由于这种"符号化"的做法，所以汇编语言也称为符号语言。用汇编语言编写的程序称为汇编语言"源程序"。汇编语言"源程序"不能直接运行，需要用"汇编程序"把它翻译成机器语言程序后，方可执行，这一过程称为"汇编"。

汇编语言"源程序"比机器语言程序易读、易检查、易修改，同时又保持了机器语言执行速度快、占用存储空间少的优点。汇编语言也是"面向机器"的语言，不具备通用性和可移植性。

③高级语言是由各种意义的"词"和"数学公式"按照一定"语法规则"组成的。由于高级语言采用自然语汇，并且使用与自然语言语法相近的语法体系，所以它的程序设计方法比较接近人们的习惯，编写出来的程序更容易阅读和理解。

高级语言最大的优点是"面向问题"，而不是"面向机器"。这不仅使问题的表述更加容易，简化了程序的编写和调试，能够大大提高编程效率；同时还因这种程序与具体机器无关，所以有很强的通用性和可移植性。

目前，高级语言有面向过程和面向对象之分。传统的高级语言，一般是面向过程的，如 Basic、Fortran、Pascal、C、FoxPro 等。随着面向对象技术的发展和完善，面向对象的程序设计方法和程序设计语言，以其独有的优势，得到普遍推广应用，并有完全取代面向过程的程序设计方法和程序设计语言的趋势，目前流行的面向对象的程序设计语言有

Visual Basic、Visual Fortran、Visual C++、Delphi、Java 等。

（5）语言处理程序。用各种程序设计语言编写的程序称为源程序。对于源程序，计算机是不能直接识别和执行的，必须由相应的解释程序或编译程序将其翻译成机器能够识别的目标程序（即机器指令代码），计算机才能执行。这正是语言处理程序所要完成的任务。

语言处理程序是指将源程序翻译成与之等价的目标程序的系统程序。这一过程通常被称为"编译"。语言处理程序除了完成语言间的转换外，还要进行语法、语义等方面的检查，以及为变量分配存储空间等工作。语言处理程序通常有汇编、编译和解释三种类型。

汇编程序：把用汇编语言编写的源程序翻译成机器语言程序（即目标程序）的过程称为汇编。实现汇编工作的软件称为汇编程序。

编译程序：把用高级语言编写的源程序翻译成目标程序的过程称为编译。完成编译工作的软件称为编译程序。

源程序经过编译后，若无错误就生成一个等价的目标程序，对目标程序再进行链接、装配后，便得到"执行程序"，最后运行执行程序。执行程序全部由机器指令组成，运行时不依附于源程序，运行速度快。但这种方式不够灵活，每次修改源程序后，哪怕只是一个符号，也必须重新编译、链接。目前使用的 Fortran、C、Pascal 等高级语言都采用这种方式。

解释程序：其解释方式是边扫描源程序边进行翻译，然后执行。即解释一句，执行一句，不生成目标程序。这种方式运行速度慢，但在执行中可以进行人机对话，随时改正源程序中的错误，有利于初学者学习。以前流行的 Basic 语言大都是按这种方式处理的。

2. 应用软件

应用软件是为了解决各种实际问题而设计的计算机程序，通常由计算机用户或专门的软件公司开发。

硬件系统和软件系统是密切相关并互相依存的。硬件所提供的机器指令、低级编程接口和运算控制能力，是实现软件功能的基础。没有软件的硬件机器称为裸机，它的功能极为有限，甚至不能有效启动或进行基本的数据处理工作。裸机每增加一层软件，功能就更强，对用户也更加透明。应该指出，现代计算机硬件和软件之间的分界并不十分明显，软件与硬件在逻辑上有着某种等价的意义。

三、计算机工作原理与工作过程

目前，尽管计算机的规模、功能及用途不尽相同，但它们都是依据"存储程序原理"进行工作的，即将程序和数据存储在内存中，在控制器的控制下逐条取出指令，然后分析和执行指令，以完成相应的操作。

1. 指令与指令系统

指令就是一组代码规定由计算机执行的一步操作。由于计算机硬件结构不同，指令也不同。一台计算机所能识别和执行的全部指令的集合叫作这台计算机的指令系统。程序由指令组成，是为解决某一个问题而设计的一组指令。

计算机的指令系统与它的硬件系统密切相关。一般情况下，人们在编制程序时使用的是与具体硬件无关且比较容易理解的高级语言。但在计算机实际工作时，还要把高级语言的语句全部翻译成机器指令系统才能被执行，即计算机能够直接执行处理的还是机器指令。

指令包括指令操作码和指令操作数两部分。操作码表示指令的功能，即让计算机执行的基本操作；操作数则表示指令所需要的数值或数值在内存单元中存放的地址。操作数可以有一个、两个、三个，也可以没有操作数，其依指令不同而不同。

2. 计算机的工作过程

计算机的工作过程，实际就是计算机执行程序的过程。执行程序就是依次执行程序的指令。一条指令执行完毕后，CPU再取下一条指令执行，如此下去，直到程序执行完毕。计算机完成一条指令操作分为取指令、分析指令、执行指令三个阶段。

（1）取指令：CPU根据程序计数器的内容（存放指令的内存储器单元的地址）从内存中取出指令送到指令寄存器，同时修改计数器的值指向下一条要执行的指令。

（2）分析指令：对指令寄存器中的指令进行分析和译码。

（3）执行指令：根据分析和译码实现本指令的操作功能。

四、微型计算机

微型计算机，也叫个人计算机（PC），是以微处理器为核心的计算机，是大规模及超大规模集成电路的产物。微机以其体积小、价格低的优势得到迅速发展。随着电子技术、信息技术的不断发展，微机的功能越来越强，出现了能将文字、数据、声音、图形、图像和视频等信息集为一体运行处理的多媒体计算机（MPC），其应用越来越广。

微型计算机的外观如图1-3所示，其由主机箱、显示器、键盘、鼠标等硬件组成，具有多媒体功能的计算机还配有音箱、话筒等硬件。除此之外，计算机还可以外接打印机、扫描仪、数码相机等设备。

图1-3 微型计算机外观

1. 主机箱

主机箱有立式、卧式、机架式之分，主机箱内有主板、CPU、内存储器、硬盘驱动器、光盘驱动器、显示卡、声卡、电源、总线扩展槽及其他一些外围设备接口。机箱的前面板上有一些按钮、接口及指示灯，如电源开关、USB 接口、音频接口、电源指示灯、硬盘指示灯等。机箱的背面有一些插口，用于连接外围设备，如显示器、键盘、鼠标、网络、打印机等。

选购主机箱时，应该注意以下两点。

（1）机箱的整体结构要合理，板材强度要足够，线缆应符合技术规范，工艺细致、通风散热性能良好，噪声小。

（2）电源功率足够、性能稳定。电源是计算机稳定运行的必要条件，常见的电源品牌有长城、航嘉、康舒等。

2. 主板

主板也称系统板或母板，如图 1-4 所示，是计算机的核心部件，是各部分硬件相互连接的桥梁。主板性能的优劣，直接影响着计算机中其他部件性能的发挥，是计算机稳定工作的基础。主板上的主要部件有 CPU 插座、主板芯片组、内存插槽、总线扩展槽（PCI、AGP、PCI-E）、驱动器接口、外设接口（如键盘接口、鼠标接口、串行通信接口、并行通信接口、USB 接口）、电源插座、音频接口、网络接口、显示接口等。

图 1-4 技嘉 GA-MA770-DS3 主板

目前主板的生产厂家很多，主要有华硕、技嘉、微星等。购买主板时要注意选择技术成熟、功能适度、售后服务良好、实力雄厚的大厂产品。

3. 微处理器

在 20 世纪 70 年代初，随着大规模集成电路技术的发展，使得把运算器和控制器集成在一个芯片上成为可能，这就产生了微处理器（MPU），也叫 CPU。CPU 中包含计算机中的控制部件和算术逻辑部件，是微机的"大脑"，微机品质的好坏、运算速度的快慢在很大程度上取决于 CPU。

目前较为流行的 CPU 芯片有英特尔（Intel）公司生产的微处理器，如图 1-5(a) 所示，还有 AMD 公司生产的微处理器，如图 1-5(b) 所示。CPU 产品的升级换代很快，根据自身用途，选购最适合自己的 CPU 是最明智的做法。选购 CPU 时要注意以下两点。

（1）虽然主频越高，CPU 的性能越好，但 CPU 的性能并不完全由主频决定。

（2）缓存结构以及一级和二级缓存的容量对 CPU 的性能影响很大。

（a）Intel CPU　　　　　　（b）AMD CPU

图 1-5　CPU

4. 内存储器

内存储器也叫内存，用于存放需要立即处理的数据。内存直接与 CPU 交换信息，是计算机中最主要的部件之一，内存性能的优劣直接影响到计算机的运行能力和运行效率。

内存模组，即通常所说的内存条，由内存颗粒、SPD 芯片、电路板、电阻以及电容等组成。内存颗粒的质量至关重要，它直接影响着内存的性能。常见的内存颗粒品牌主要有现代、三星、西门子、东芝等。常见的内存条品牌主要有金士顿、宇瞻、三星等。金士顿内存条如图 1-6 所示。

（a）台式机用　　　　　　　　　　　　（b）笔记本计算机用

图1-6　金士顿 DDR-800 2G 内存条

衡量内存条的指标主要有容量和存取速度。容量的计量单位是 MB 或 GB。一般来说内存容量越大，计算机的性能越好。内存的规格型号间接反映了内存的存取速度。内存条的规格型号必须和主板相匹配。

5. 外存储器

外存储器用于存放大量有待处理或暂时不用的数据。CPU 必须借助于内存储器，才能与外存储器交换数据。目前常用的外存储器有硬盘存储器、光盘存储器和移动存储器。

硬盘存储器通常由硬盘驱动器（HDD，简称硬盘）和硬盘控制适配器组成。普通高速硬盘的转速为 7200 转 / 分（rpm），高档硬盘的转速可达 10000 rpm，甚至 15000 rpm。目前硬盘的存储容量一般为 80～1500GB。接口以 SATA 为主，服务器、存储柜使用的硬盘接口以 SCSI 和 SAS 为主。SATA 接口硬盘如图 1-7 所示。

图1-7　硬盘（SATA 接口）

光盘的特点是存储容量大（普通 CD-ROM 可达 650MB，DVD-ROM 可达 4.7GB），可靠性高，寿命长，读取速度较快，单位容量价格低，携带方便。常见的光盘有只读光盘（CD-ROM、DVD-ROM）、一次性可写光盘（CD-R、DVD-R、DVD+R）、可擦写光盘（CD-RW、DVD-RW）等。光盘必须放入光盘驱动器（光驱）中才能使用，常用的光盘驱动器为 DVD-ROM 光盘驱动器，可读取 CD-ROM、CD-R、CD-RW、DVD-ROM、DVD-R、DVD-RW 等类型的盘片。如需要将信息保存到可写型光盘中，就必须使用刻录型光盘驱动器，如 DVD-RW 光盘驱动器，它可将信息写入 CD-R、CD-RW、DVD-R、DVD+R、DVD-RW、DVD+RW 等类型的光盘中。光盘及驱动器如图 1-8 所示。

（a）光盘驱动器　　　　　　　　　　（b）DVD-R光盘（10片桶装）

图 1-8　光盘及驱动器

移动存储器，是指体积较小、容量较大、携带方便、支持热插拔和即插即用技术的外部存储设备，主要包括闪存盘和移动硬盘。选购移动存储器时应该注意：第一，根据需求选择容量合适、性能稳定、读写速度快的产品；第二，选择知名大厂的产品，以保证日后完善的售后服务和技术支持；第三，在满足基本需求的前提下，还可选择带有辅助功能的产品，如启动功能、杀毒功能、加密功能、写保护功能。使用移动存储器时应注意：第一，移动存储设备工作时（即指示灯闪烁时），不可拔下设备；第二，移动硬盘工作时，要注意做好防震。闪存盘与移动硬盘如图 1-9 所示。

（a）闪存盘　　　　　　　　　　（b）移动硬盘

图 1-9　闪存盘与移动硬盘

6. 输入设备

计算机常用的输入设备有键盘、鼠标、光笔、扫描仪、数字化仪、麦克风、触摸屏、条码读入器等。下面介绍常用的几种设备。

（1）键盘是计算机必备的输入进备。通过键盘，用户可以将命令、程序、数据等输入计算机中去，计算机再根据接收到的信息做出相应的处理。

（2）鼠标是操作计算机的主要设备之一，适合菜单式命令的选择和图形界面的操作。鼠标的基本操作如下。

定位：移动鼠标，使鼠标指针指向某一对象。

单击：快速按下鼠标左键后马上释放。

双击：连续两次快速单击鼠标左键。

右击：右键单击，即单击鼠标右键。

拖放：鼠标指向某对象后，按下鼠标左键不放开，移动鼠标，对象虚框也跟着鼠标指针移动，到目的位置后释放鼠标左键就完成拖放过程。

选购键盘和鼠标时，一定要注意键盘和鼠标的手感。一套好的键盘、鼠标不但可以提供舒适的手感，还能够减轻双手的疲劳，从而大大减少肌肉软组织的损伤概率。

（3）扫描仪是一种图像数字化输入设备，广泛应用于各个行业。扫描仪的主要用途如下。

①将图纸、美术图画、照相底片，甚至纺织品、标牌面板、印制板样品等转换成计算机可以显示、编辑、存储和输出的数字化图像。

②借助OCR（光学字符识别）软件，将印刷好的文本扫描输入文字处理软件中，免去重新打字录入的麻烦。

目前，许多厂商将扫描、复印、打印、传真等功能集成在一起，研制出具有两种甚至多种功能的设备，称为多功能一体机。

7. 输出设备

计算机常用的输出设备有显示器、打印机、绘图仪、音箱等。

显示器是计算机最主要的输出设备之一。常见的显示器有阴极射线管（CRT）显示器和液晶（LCD）显示器。与CRT显示器相比，LCD显示器具有能耗低、辐射低、无闪烁、失真小、体积小、重量轻等优点。近几年来，随着LCD显示器价格的不断下滑，其得到了迅速普及。

显示器通过显示卡（简称显卡）与计算机主机相连。显卡的功能是将需要显示的信息转换成适合显示器使用的信号，并向显示器提供扫描信号，控制显示器的正确显示。显卡是连接显示器和计算机主机的必需设备，也是与计算机总体性能密切相关的设备。显卡有

计算机应用基础理论与实践研究

集成显卡与独立显卡之分，集成显卡被设计在主板上，主要用于办公及家用场合；独立显卡被设计在一块独立的电路板上，通过主板的总线扩展槽与主机相连，主要用于平面设计、动画设计、影视制作、大型游戏等场合。显卡主要由显示芯片、显存、接口电路以及其他辅助电路组成。显示卡如图 1-10 所示。

打印机是另一种常用的输出设备。根据打印原理的不同，可将打印机分为喷墨打印机、针式打印机和激光打印机等几种。其外观形式如图 1-11、图 1-12、图 1-13、图 1-14 所示。

图 1-10　显示卡　　　　　　　图 1-11　喷墨打印机

（a）平推式票据打印机　　　　　（b）针式打印机（普通）

图 1-12　针式打印机

图 1-13　激光打印机 　　　　　　　　图 1-14　激光多功能一体机

　　针式打印机最主要的特点是击打式输出，主要用于实现票据打印、存折打印、蜡纸打印等功能，目前广泛应用于银行、税务、证券、邮电、航空、铁路等领域。激光打印机的优点是打印速度快、输出质量高，工作噪声低，目前广泛应用于办公自动化、轻印刷系统的照排和各种计算机辅助设计系统领域。激光打印机的缺点是价格较高、耗材价格高。喷墨打印机的工作原理是利用喷墨头把细小的墨滴喷到打印纸上，其主要优点是结构简单、价格低廉、打印速度高、工作噪声低、输出精度高，可方便实现高品质彩色打印；缺点是耗材较贵。

　　选购打印机时，应根据实际需求，如复写要求、打印幅面、打印质量、彩色要求、打印速度、打印成本、售后服务，来选择合适的品牌和型号。

　　音箱是多媒体系统的重要组成部分。音箱的技术指标主要有功率、灵敏度、阻抗、频响范围、失真度、信噪比。

　　音箱要通过声卡连接至主机才能正常工作。声卡的作用有两个，一是将麦克风等声音输入设备采集到的模拟声音信号转换为数字信号，以利于计算机处理；二是将计算机中的数字声音信号转换为模拟信号，满足功率放大器、音箱的使用要求。声卡的主要技术指标为声道数、采样精度、采样频率。目前，绝大多数主板已集成声卡功能，一般不需要额外购置。如有特殊要求，也可单独购置声卡。声卡如图 1-15 所示。

（a）内置声卡（PCI接口、7.1声道） 　　　　（b）外置声卡（USB 2.0、5.1声道）

图 1-15　声卡

五、计算机系统组建

微型计算机硬件系统的组建可以通过购置品牌整机和兼容机两种途径来实现。

1. 购置品牌机

用户可根据实际需要，确保微机的整体美观和稳定性来购置品牌机，再对比各大台式机品牌如戴尔、惠普、宏碁、联想等，最终确定购置机型。

2. 组装兼容机

考虑性价比因素，用户也可以提供不同品牌的硬件配置，找专业人士组装兼容机（组装机）。

3. 购置外设

根据办公和娱乐的不同要求购置外设，如打印机、多媒体音箱、视频摄像头等。

4. 硬件连接

将购置的主机、键盘、鼠标、显示器、打印机、音箱、摄像头等硬件按说明要求进行正确连接，完成微型计算机硬件系统的组建。

5. 安装系统软件

若购置的品牌机已预装操作系统，可跳过第一步骤直接安装各类工具软件、应用软件和杀毒软件等。本案例以硬件系统是裸机为例，进行操作系统的安装，安装 Windows 7 操作系统。

（1）以从光驱安装的方式为例，在安装 Windows 7 系统之前，需要进行 BIOS 设置，计算机接通电源后按"Delete"键（台式机一般是按"Delete"键，笔记本计算机进入 BIOS 界面方法与台式机不同，因计算机的品牌不同而不同，多数为"F2"键或"F12"键），进行启动项的调整，将光驱设为第一启动项。

（2）计算机重启之前在光驱中放入 Windows 7 安装光盘，计算机会从 Windows 7 系统光盘启动，之后便是安装界面，这时系统会自动分析计算机信息，不需要任何操作，随后出现蓝色背景的中文界面，并开始复制文件和展开 Windows 文件，如图1-16所示。

（3）复制、展开、安装功能、安装更新后，计算机会自动进行一次重启，如图1-17所示。

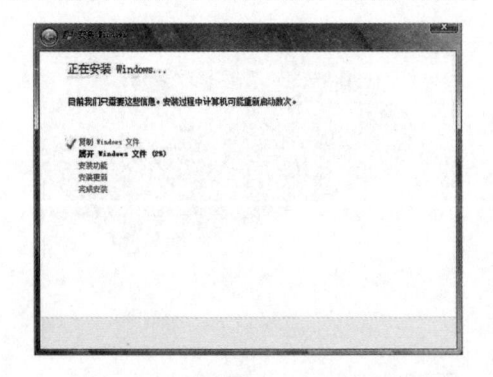

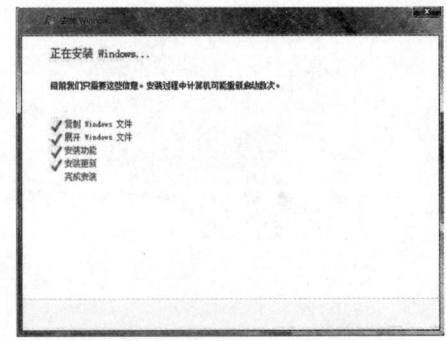

图1-16　安装程序中文界面　　　　图1-17　安装功能及安装更新

（4）重启后，Windows 会自动完成安装，如图 1-18、图 1-19 所示。

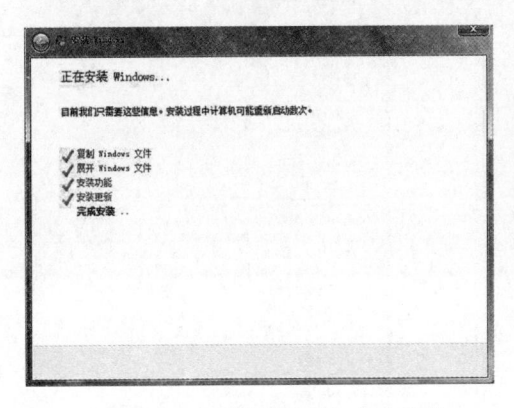

图 1-18　安装程序进入自动安装 　　　　图 1-19　首次运行前的准备

（5）计算机启动成功之后，会出现如图 1-20 所示界面，标志安装已经完成，此时直到安装结束。单击左下角的"　　"开始图标，找到"计算机"菜单，右击，在出现的快捷菜单中选择属性，会看右下方的 Windows 激活，单击更改产品密钥，在出现的 Windows 激活窗口中输入购买光盘盒上的产品密钥。Windows 激活界面如图 1-21 所示。

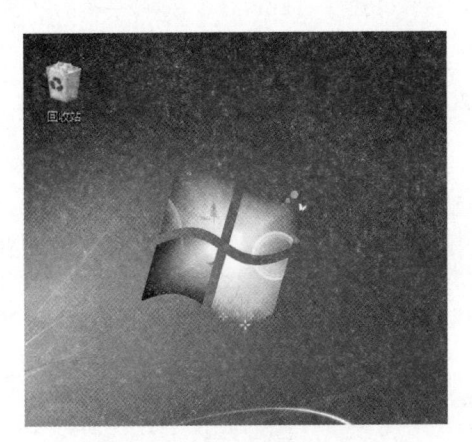

图 1-20　Windows 7 安装成功 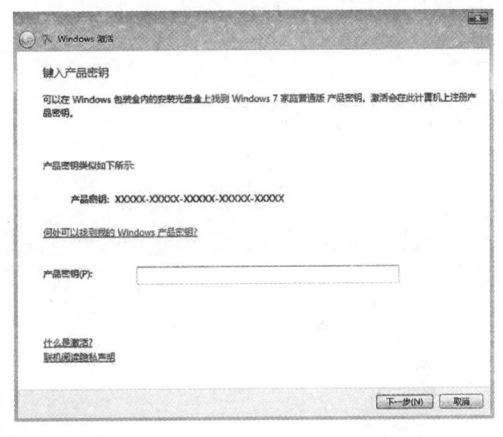　　　　图 1-21　输入 Windows 7 产品密钥激活

6. 安装硬件及外设驱动程序

安装计算机硬件驱动程序，包括打印机、摄像头等外设的驱动。

（1）将随机附带的驱动光盘放入光驱，按照提示依次安装主板芯组、网卡、声卡、显卡等设备驱动，一般情况都是自动完成安装。

（2）在桌面，右击"我的计算机"，选择"属性"，选择"硬件"选项卡，选择"设备管理器"，里面是计算机所有硬件的管理窗口，若安装正确，设备管理器显示界面如图 1-22 所示。若选项名称前面出现黄色问号加叹号的选项代表未安装驱动程序的硬件，如图 1-23 所示，双击打开其属性，选择"重新安装驱动程序"，放入相应的驱动光盘，选择"自动安装"，系统会自动识别对应当驱动程序并安装完成。安装好所有驱动之后，重新启动计算机，至此 Windows 7 操作系统安装完成。

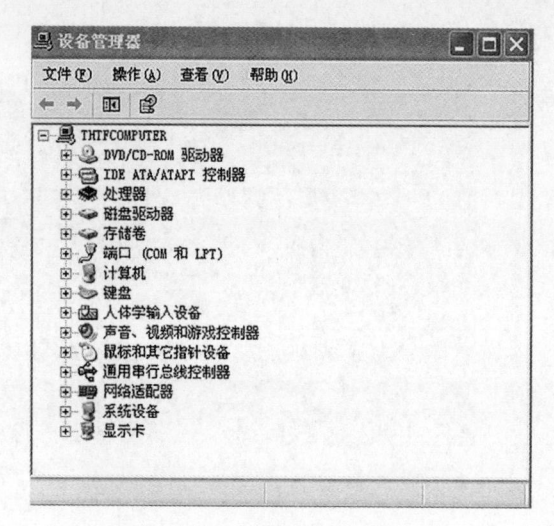

图 1-22　硬件驱动全部安装正确 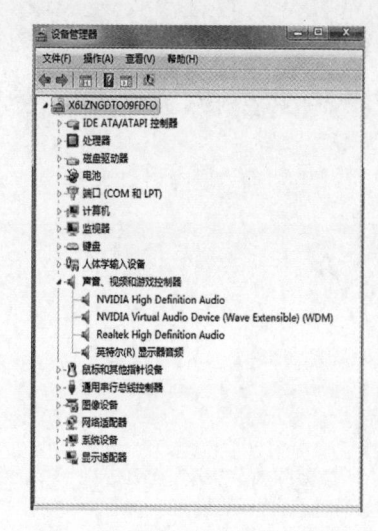　　　　图 1-23　未安装驱动程序硬件

7. 安装其他软件

安装工具软件、常用应用软件以及杀毒软件。

（1）工具软件：压缩软件 WinRAR；下载工具软件迅雷 Thunder；影音播放软件暴风影音以及其他翻译、图像浏览等软件。

（2）应用软件：办公软件 Microsoft Office 2010；通信软件软件以及图形图像处理等专业软件。

（3）杀毒软件：金山卫士、360 安全卫士等软件。

这些软件的安装一般是将光盘放入光驱后，按提示操作自动安装完成。免费下载安装的软件，一定要到正规软件下载站下载，防止病毒侵入计算机。

8. 软件运行测试

各种软件安装完成后，分别对操作系统和各种软件进行运行测试，全部运行正常，即微型计算机软件系统安装完成。

第三节　熟悉计算机中数据的存储

一、计算机中的常用数制

数的进位制称为数制。日常生活中最常用的是十进制，同时也采用其他进位计数制，如六十进制（1 分钟为 60 秒），十二进制（12 个月为 1 年）等。计算机是由电子元件构成，而电子元件比较容易实现两种稳定的状态，因此计算机中采用的是二进制数。为了书写方便和简化表示，还常用到八进制和十六进制。

1. 十进制

十进制数有十个不同的数码符号，即 0，1，2，……，9。数码位于不同位置时所表示的值不一样，如 345.6，读作三百四十五点六。这里的百、十叫作权，平时所说的个、十、百、千、万……就是各位的权值。每位的数值由该位的数码乘以该位的权值，一个数的值是由各位的值求和而来。如：

$$345.6 = 3 \times 10^2 + 4 \times 10^1 + 5 \times 10^0 + 6 \times 10^{-1}$$

式中 10^2、10^1、10^0、10^{-1} 即为权，而 10 称为基数。当一位的值超过 10 时，应向前进位（即逢十进一）。

2. 二进制

二进制有两个数码 0 和 1，基数为 2，逢二进一。如 $(1011010)_2$，其数值应如下。

$$(1011010)_2 = 1 \times 2^6 + 0 \times 2^5 + 1 \times 2^4 + 1 \times 2^3 + 0 \times 2^2 + 1 \times 2^1 + 0 \times 2^0$$
$$= 64 + 16 + 8 + 2$$
$$= (90)_{10}$$

即二进制 1011010 表示成十进制时为 90，它们的数值是相等的。

3. 八进制

八进制有八个数码，即 0，1，2，……，7。基数为 8，逢八进一。例如：

$$(6374)_8 = 6 \times 8^3 + 3 \times 8^2 + 7 \times 8^1 + 4 \times 8^0$$
$$= (3324)_{10}$$

4. 十六进制

十六进制有十六个数码，前十个用 0～9 表示，后六个用 A，B，C，D，E，F 六个字母表示。十六进制的基数为 16，逢十六进一。例如：

$$(3F2A)_{16} = 3 \times 16^3 + F \times 16^2 + 2 \times 16^1 + A \times 16^0$$
$$= 3 \times 16^3 + 15 \times 16^2 + 2 \times 16^1 + 10 \times 16^0$$
$$= (16170)_{10}$$

为了区别不同进制的数，计算机中采用了不同的后缀。如用 B 表示二进制，Q 表示八进制，H 表示十六进制，而十进制用 D 做后缀，也可不用。表 1-2 给出了十进制、二进制、八进制、十六进制数之间的对应关系。

一个数可以采用不同的进制表示，不同进制表示的形式不一样，但所表示的值是相等的。例如：

$$467D = 111010011B = 723Q = 1D3H$$

数的不同进制表示形式之间是可以互相转化的。

表 1-2 四种进制对照表

十进制	二进制	八进制	十六进制
0	0B	0Q	0H
1	1B	1Q	1H
2	10B	2Q	2H
3	11B	3Q	3H
4	100B	4Q	4H
5	101B	5Q	5H
6	110B	6Q	6H
7	111B	7Q	7H
8	1000B	10Q	8H
9	1001B	11Q	9H
10	1010B	12Q	AH
11	1011B	13Q	BH
12	1100B	14Q	CH
13	1101B	15Q	DH
14	1110B	16Q	EH
15	1111B	17Q	FH
16	10000B	20Q	10H

二、各进制数之间的转换

1. 其他各进制数转换为十进制数

各进制数转换为十进制数的方法非常简单，只要按各进制相应的权值展开来计算即可。例如：

$$1101111B = 1 \times 2^6 + 1 \times 2^5 + 0 \times 2^4 + 1 \times 2^3 + 1 \times 2^2 + 1 \times 2^1 + 1 \times 2^0$$
$$= 64 + 32 + 0 + 8 + 4 + 2 + 1$$
$$= 111D$$

$$156Q = 1 \times 8^2 + 5 \times 8^1 + 6 \times 8^0$$
$$= 64 + 40 + 6$$
$$= 110D$$

$$7EH = 7 \times 16^1 + 14 \times 16^0$$
$$= 112 + 14$$
$$= 126D$$

2. 十进制数转换为其他各进制数

十进制数转换为各进制数时，需要将整数部分和小数部分分别转换。

（1）整数部分转换。十进制数转换为二进制数，采用"除2取余"法，即用2不断去除要转换的十进制数，直到商为0时为止。各次所得的余数，以最后所得余数为最高位，最先所得余数为最低位的顺序排列，即为相应的二进制数。如将218D转换成二进制数：

```
2│218    0   低位 ↑
2│109    1
2│ 54    0
2│ 27    1
2│ 13    1
2│  6    0
2│  3    1
2│  1    1   高位
    0
```

即218D=11011010B。

同样十进制整数转换为八进制数、十六进制数时，可采用"除8取余"和"除16取余"的方法。如将4763D转换成十六进制数：

```
16│4763   11   低位 ↑
16│ 297    9
16│  18    2
16│   1    1   高位
      0
```

即4763D=129BH。

（2）小数部分转换。十进制小数转换为二进制小数，采用"乘2取整"法。即用2不断去乘要转换的十进制小数部分，直到满足精度或小数部分等于0为止。各次所得乘积的整数部分，以最先所得整数为最高位，最后所得整数为最低位的顺序排列，即为相应的二进制数。如将0.375D转换二进制数：

```
        0.375
    ×       2
    ─────────
        0.750    0   高位
    ×       2
    ─────────
        1.500    1
    ×       2
    ─────────
        1.000    1   低位
```

即0.375D=0.011B。

十进制小数转换为八进制和十六进制小数时，同理可以采用"乘8取整"和"乘16取整"法。

3. 二进制数与八进制数、十六进制数之间的互换

由于 $2^3=8$，$2^4=16$，即三位二进制数对应一位八进制数，四位二进制数对应一位十六进制位，所以二进制数与八进制数、十六进制数之间的互换非常简单。

二进制数转换为八进制数时，以小数点为界，分别向左右每三位一组（不足可补零）对应地转换为八进制数相应数码。二进制数转换为十六进制数时，也以小数点为界，分别向左右每四位一组对应地转换为十六进制数相应数码。如 1011010.10B 转换成八进制数、十六进制数：

$$1011010.101B = 001\ 011\ 010\ .\ 101 = 132.5Q$$

$$1011010.110B = 0101\ 1010\ .\ 1100 = 5A.CH$$

即 1011010.10B=132.4Q=5A.CH。

而八进制数、十六进制数转换为二进制数时，八进制数、十六进制数的每个数位只要对应展开成相应三位、四位二进制数即可。如：

$$376.56Q = 011\ 111\ 110\ .\ 101\ 110 = 11111110.10111B$$

$$3F1.3EH = 0011\ 1111\ 0001\ .\ 0011\ 1110 = 1111110001.0011111B$$

【例 1-1】将十进制数 7465 转换为十六进制数。

解：如果直接将 7465 除以 16，运算过程较为复杂。如果先将其转换为二进制，再利用数位对应关系转换为十六进制，则相对简单。但转换为二进制时，"除 2 取余"的次数又太多。这时，可以采用"十到八，八到二，二再到十六"的方法进行转换（除一次 8 相当于除三次 2）。

十到八：

```
8 | 7465   1
8 |  933   5
8 |  116   4
8 |   14   6
8 |    1   1
       0
```

即 7465D = 16451Q。

八到二：

$$16451Q = 001\ 110\ 100\ 101\ 001$$
$$= 1110100101001B$$

二到十六：

$$1110100101001B = 0001\ 1101\ 0010\ 1001$$
$$= 1D29H$$

即 7465D=1D29H。

目前，在计算机中经常采用的是二进制、十六进制和十进制数，八进制数使用较少。

三、二进制数的基本运算

二进制数只有 0，1 两个数码，其加、减、乘、除四则运算规则比十进制数简单得多。本节只对二进制的加、减法进行介绍。

1. 二进制数加法

二进制数加法规则：0+0=0；0+1=1；1+0=1；1+1=0（有进位）。

【例 1-2】求 10110101B 与 00101100B 之和。

解：

```
       10110101   被加数
       00101100   加数
   +       1111   进位
       ────────
       11100001   和
```

由此可知，两个二进制数相加时，本位数相加，再加上从低位来的进位，就得到本位之和及向高位的进位，每位最多只有三个数相加，可以采用全加起来完成。

2. 二进制数减法

二进制数减法规则：0－0=0；1－0=1；1－1=0；0－1=1（有借位）。

【例 1-3】求 11000100B 与 00100101B 之差。

解：

```
       11000100   被减数
       00100101   减数
   －    111111   借位
       ────────
       10011111   差
```

同样，两个二进制数相减时，本位数相减，再减去从低位来的借位，就得到本位之差及向高位的借位。

四、计算机中的编码

计算机中除了采用二进制表示数值信息之外，还采用二进制编码的形式来表示字母、数字、符号等其他信息。常用的字符编码有两种：一种是 BCD 码，它是二进制形式的十进制编码；另一种是 ASCII 码，即美国信息交换用标准代码。

1. BCD 编码

BCD 码是采用二进制代码对十进制数码进行编码的方式。一个十进制数码需用四位二进制数表示，而四位二进制数可以有十六个编码，其中有六个编码是多余的，所以 BCD 码不是唯一的。最常用的 BCD 码是 8421BCD 码，该编码采用 0000～1001 表示 0～9 十个数码，而剩下的 1010～1111 六个代码不用，通常称为非法码。8421BCD 码与十进制数对应关系见表 1-3。

采用 BCD 编码后，十进制数可以表示成二进制代码形式，如 563.471 表示成 BCD 码的形式为（0101 0110 0011.0100 0111 0001）$_{BCD}$，并可以在计算机中直接进行运算。

表 1-3 8421BCD 码与十进制数对应表

十进制数	8421 BCD 码	十进制数	8421 BCD 码
0	0000	9	1001
1	0001	10	0001 0000
2	0010	11	0001 0001
3	0011	12	0001 0010
4	0100	13	0001 0011
5	0101	14	0001 0100
6	0110	15	0001 0101
7	0111	16	0001 0110
8	1000	134	0001 0011 0100

2. ASCII 码

计算机中常用的字符编码是 ASCII 码，是美国 1963 年制定的信息交换标准代码，后成为国际标准。1980 年我国制定了国家标准，其中除了用"￥"代替"$"外，其余代码含义与 ASCII 码相同。

基本 ASCII 码采用 7 位二进制代码，共有 128 个字符。其中 96 个可见字符可以打印和显示，包括数字字符 10 个、英文字母大小写共 52 个，以及其他字符 34 个；另外 32 个是不可见的控制字符。

3. 汉字编码

计算机要处理汉字，也必须用不同的二进制代码来表示汉字及中文中使用的符号，即对汉字进行编码。我国统一的汉字编码有两种：国标码和机内码（简称内码）。

（1）国标码。1981 年，我国制定了中华人民共和国国家标准《信息交换用汉字编码字符集——基本集》（GB2312-1980），这种编码称为国标码。在国标码符号集中收录了汉字和图形符号共 7445 个，其中一级汉字为 3755 个，二级汉字为 3008 个，图形符号 682 个。

国标 GB2312-1980 将所有国标汉字及符号组成了一个 94×94 的矩阵，在此方阵中，每一行称为一个"区"，每一列称为一个"位"，这样便组成了一个 94 个区（编号从 01 到 94）、每个区有 94 个位（编号也是从 01 到 94）的汉字字符集。一个汉字所在的区号和位号就构成了该汉字"区位码"。在区位码中，高两位为区号，低两位为位号，所以一个区位码可唯一确定一个汉字或符号。

（2）机内码。汉字的机内码是指在计算机中表示汉字的编码，不管用户采用什么样的方法输入汉字，都将转换为此编码存储于计算机内存。它与国标码有所不同，一个汉字的内码占两个字节，分别为高位字节与低位字节，这两个字节的内码按如下规则确定。

高位字节内码 = 区码 +20H+80H（即区码 +A0H）

低位字节内码 = 位码 +20H+80H（即低码 +A0H）

第四节　计算机的使用及维护

一、计算机的日常使用及维护

1. 计算机的使用环境

（1）温度。一台普通计算机正常工作时的功耗约为200W，消耗的电能绝大部分以热能的形式散发到周围环境中。若环境温度过高，会使计算机产生的热量不能尽快散发出去，轻则丢失数据，自动停机，降低机器使用寿命，重则烧毁芯片或配件；若温度过低则会导致各配件之间产生接触不良的现象，导致计算机不能正常工作。计算机工作时，要保证其良好的通风条件和适宜的环境温度（10℃~35℃）。

（2）湿度。空气湿度如果较大，则线路板及各元器件容易产生腐蚀现象；空气湿度如果过小，则计算机工作时产生的静电不但会导致计算机运行时出现随机性故障，而且还会导致某些元器件的击穿和毁坏。因此应保证适宜的空气湿度（40%~60%）。

（3）灰尘。计算机工作时，由于静电原因，会将环境中的灰尘吸附到元器件表面。如果元器件表面的灰尘过多，则会导致噪声加大、散热不良、接触不良、短路等故障发生。因此在做好环境防尘工作的同时，还要定期清理机器内部的灰尘。

（4）电源。市电电压不稳、接地措施不好，很容易导致计算机丢失数据、烧毁或损坏电路及元器件，如计算机所在之处电压波动太大，可安装一台稳压器或UPS不间断电源，同时保证良好的接地措施。

（5）静电。静电是电子设备的大敌，在计算机工作过程中，一方面要注意消除计算机自身产生的静电（良好的接地措施）；另一方面更要注意在接近、使用、维护计算机前，用户应先释放自身所携带的静电。

（6）震动和噪声过大，有可能会造成计算机部件的损坏（如硬盘的损坏或数据的丢失等），如确实需要将计算机放置在震动和噪声大的环境中应安装防震和隔音设备。

2. 使用计算机的注意事项

（1）时刻注意为计算机创造一个良好的使用环境。

（2）不要在计算机附近饮食，防止液体或食物残渣等进入键盘及设备内部。

（3）做好计算机病毒防治和数据备份工作，预防和减少重要信息（用户名和密码）及数据的丢失。

（4）非不得已，尽量不要采取断电、复位等粗暴行为关闭或重新启动计算机（一是有可能损坏设备，二是有可能丢失数据）。

3. 计算机的日常维护与使用技巧

（1）操作系统及常用软件安装完成后，要制作一个干净、无毒、完整的备份，必要时可据其快速恢复系统。

（2）及时修补系统及软件漏洞，及时升级杀毒软件，定期查杀病毒，预防和减少系统感染病毒。

（3）将程序与数据分别存储在不同的磁盘中，以防止重新安装或恢复系统时破坏数据。

（4）良好的接地系统和定期对设备除尘，可减少许多"莫名其妙"的故障。

二、计算机病毒及其防范

计算机病毒是一组人为设计的程序，这些程序以各种形式隐藏在计算机系统中，当满足一定条件时就会发作。计算机病毒发作时会严重影响计算机系统的正常运行。

1. 计算机病毒的概念

计算机病毒是一组人为设计的，以各种形式隐藏在计算机系统中的，影响计算机系统的运行效率，具有破坏硬件、毁坏数据、窃取用户数据及个人信息等功能，并能自我复制、自我传播的计算机指令或者代码。

2. 计算机病毒的特征

（1）破坏性。计算机病毒发作时会对计算机系统进行不同程度的干扰和破坏。有的仅干扰软件的运行而不破坏软件；有的占用系统资源，使系统无法正常运行；有的修改、删除文件和数据；有的毁坏整个系统，使系统瘫痪；有的破坏计算机硬件。

（2）传染性。传染性是计算机病毒最重要的特征，也是确定一段程序代码是否是计算机病毒的首要条件。计算机病毒具有将自身复制到其他程序或文件中的特性。计算机病毒一旦侵入系统后，就开始寻找可以感染的程序或文件，并进行感染复制。这样，就能很快把病毒传播到整个系统或磁盘上。网络中某台计算机中的病毒可通过网络传染给其他所有计算机系统。

（3）潜伏性。计算机病毒侵入系统后，一般不会立即发作，可能会长时间潜伏在计算机中。只有当满足一定的触发条件时才发作。在潜伏期间，其可悄悄地传播而不被用户所察觉。

（4）可触发性。计算机病毒一般是有控制条件的，当外界条件满足计算机病毒的发作要求时，计算机病毒程序中的攻击机能发作，以便达到预定的破坏目的，如 CIH 病毒曾连续在每年的 4 月 26 日发作。

（5）隐蔽性。计算机病毒都是一些可以直接或间接执行的具有很高编程技巧的程序，其依附在操作系统、可执行文件、数据文件或电子邮件中，一般不独立存在，很难被人们察觉。

近几年来，随着网络的发展，以窃取用户个人信息为主要目的的木马病毒大量出现。木马病毒分控制端和服务端两部分，其本质属于黑客工具。木马侵入计算机系统后，会自动或在远程控制端的控制下，搜索、捕获用户的个人信息，如系统登录账号、银行卡账号及密码等重要信息，并将其发送至远程控制端。木马病毒具有隐蔽性和非授权性的特点。

3. 计算机病毒的分类

按照计算机病毒的特点及特性，计算机病毒的分类方法有许多种。

（1）按计算机病毒产生的后果分类。

①良性病毒。良性病毒是指那些只是为了表现自身，并不彻底破坏系统和数据，但会大量占用系统资源、增加系统开销、降低系统工作效率的一类计算机病毒。如小球病毒、救护车病毒、杨基病毒等。

②恶性病毒。恶性病毒是指那些一旦发作后，就会破坏系统或数据，造成计算机系统瘫痪的病毒。这种病毒危害性极大，有些病毒发作后可以给用户造成不可挽回的损失。如黑色星期五、火炬病毒、米开朗琪罗病毒等。

（2）按照寄生方式分类。

计算机病毒按其寄生方式大致可分为引导型病毒、文件型病毒、混合型病毒和宏病毒。

①引导型病毒感染磁盘的引导扇区。如果这个区域被感染，计算机每次启动时，病毒就会被激活。

②文件型病毒感染文件，其通常感染 .COM、.EXE、.SYS 等类型的程序文件。被感染的程序文件一旦被执行，病毒就会被激活，进而传播感染其他文件。如果操作系统文件被感染，则在计算机运行的整个过程中，病毒一直处于活动状态。

③混合型病毒集引导型和文件型病毒特性于一体。此种病毒通过这两种方式感染和传播，从而增加了病毒的传染性和生命力。

④宏病毒是一种寄存在 Office 文档或模板的宏中的计算机病毒，一旦打开含有这种类型病毒的文档，宏病毒就会被激活，转移到系统中，并驻留在 Normal 模板上。从此以后，所有自动保存的文档都会感染上这种宏病毒。当用户在其他计算机上打开感染了这种病毒的文档时，宏病毒又会转移到这台计算机上。

（3）按照传播媒介分类。

按照计算机病毒的传播媒介来分类，计算机病毒可分为单机病毒和网络病毒。

①单机病毒。单机病毒通常是通过移动存储介质（如光盘、USB 闪存盘）传入硬盘来感染系统，然后再通过同样的途径传染其他更多的系统。

②网络病毒。网络病毒的传播媒介不再是移动式载体，而是网络通道，这种病毒的传染能力更强，破坏力更大。

4. 计算机病毒的传播途径

第一种途径：通过移动存储设备来传播。

第二种途径：通过计算机网络进行传播。

第三种途径：通过点对点通信系统和无线信道传播。目前，这种传播途径还不十分广泛。

5.计算机病毒的预防及清除

在使用计算机的过程中，首先应做好计算机病毒的预防工作。

（1）安装杀毒软件，及时更新病毒定义码和杀毒引擎。

（2）安装病毒防火墙，随时拦截进出计算机的病毒。

（3）定期（借助工具软件）检查系统的安全状况，及时解决存在的问题。

（4）不执行来历不明的程序，不接收、存储来历不明的文件。

（5）不登录、不浏览非法网站和名声欠佳的网站。

（6）创建紧急引导盘和最新紧急修复盘。

一旦发现计算机系统感染了病毒，应马上采取清除措施。在保证杀毒软件（基本上）已升级到最新版本的前提下，首先断开与网络的连接，以防止对网络中的其他计算机继续传染；然后立即启用杀毒软件，对整个计算机系统进行病毒扫描和清除。

杀毒软件不是万能的，总是先有病毒，杀毒软件才有相应的对付措施。因此，我们还是要以预防为主。

第二章　Windows 7 操作系统

Windows 7 是微软（Microsoft）公司推出的一款图形用户界面操作系统，是当前主流的计算机操作系统之一。本项目通过几个典型案例，介绍 Windows 7 中文版的基本操作，包括文件管理、程序管理、对工作环境的自定义方法和计算机管理等功能。

第一节　Windows 7 系统的基本操作

一、Windows 7 系统的启动和退出

1. 启动 Windows 7 系统

按压计算机主机箱的电源开关，计算机通电开始启动，首先出现 Windows 7 的载入界面，载入完成后出现"桌面"，表明 Windows 7 启动成功。

Windows 7 操作系统是一个多用户操作系统，允许多个用户共同使用一台计算机，每一个用户对应一个专属于自己的账号（账户名和密码）。如计算机系统中存在多个账户（或者，虽然只有一个账户，但已经对此账户设置密码），则 Windows 7 系统在启动过程中会出现登录界面，登录界面中列出了系统中的所有账号。用户单击一个账号图标，并输入正确的密码后按"Enter"键，就可进入 Windows 7 系统。

2. 退出 Windows 7 系统

在切断计算机电源之前，用户一定要先关闭所有的应用程序，并退出 Windows 7 系统，否则未保存的文件和正在运行的程序可能会遭到破坏。如果用户未退出 Windows 7 系统就切断电源，下次再启动时，Windows 7 系统将认为上次关机时执行了非法操作，因此会自动执行磁盘扫描程序修复可能发生的错误。

退出 Windows 7 系统应按下列步骤进行。

（1）关闭所有打开的应用程序。

（2）单击任务栏左侧的"开始"按钮" "，打开"开始菜单"。

（3）选择"关机"，过一会儿计算机就会自动关闭。

（4）单击"开始"按钮后选择"关机"按钮后的箭头图标，展开子菜单选择"睡眠"，可以使计算机在闲置时处于低功耗状态，但仍能立即使用。计算机在睡眠状态时，内存中

的信息未存入硬盘中。如此时电源中断，内存中的信息会丢失。

（5）单击"关机"命令，计算机做关机前的必要处理，先退出 Windows 系统，然后自动关闭计算机电源。

（6）单击"重新启动"命令，则先退出 Windows 系统，然后重新启动计算机，可以再次选择用户后进入 Windows 7 系统。

3. 注销 Windows 7 系统

为了便于不同的用户快速登录来使用计算机，Windows 7 提供了注销的功能，应用注销功能，使用户不需要重新启动计算机就可以实现多用户登录，这样既快捷方便，又减少了对硬件的损耗。

Windows 7 注销的操作步骤为单击"开始"按钮，在弹出的"开始"菜单中选择"关机"按钮后的箭头图标，展开子菜单，选择"注销"按钮。

二、鼠标与键盘的操作

在 Windows 7 图形界面环境中，鼠标和键盘是使用最多的输入设备，因此熟练掌握鼠标和键盘操作可以提高工作效率。

1. 鼠标操作

鼠标是一种计算机输入设备，它一般与键盘配合使用。在 Windows 7 环境中，使用鼠标能够方便用户的操作，有些操作也只能用鼠标来完成。因此，这里首先介绍鼠标的使用方法。在 Windows 7 系统中，鼠标的基本操作主要有如下五种，可以完成不同的任务。

（1）指向。移动鼠标，使其光标移到某一对象上，就称为鼠标指向该对象。鼠标的指向是其他操作的基础，当鼠标指向某一对象时，以后的操作都是针对这一对象来进行的。

（2）单击。鼠标的左键是主工作键，所以单击也就特指的是左键的单击。单击的方法是迅速按下左键并释放它，单击的主要作用是为了选中其所指向的对象，被选中的对象将高亮度显示。

这里所讲的对象是一个很广泛的概念，它是指 Windows 7 系统的各种组成单位，比如文件、文件夹、图标、窗口等，对于不同的对象，其选中的意义也有所不同，如选中某个窗口，就是把该窗口激活。

（3）双击。双击的方法是连续两次快速按下并释放左键，注意一定要快速，并且在两次击键过程中鼠标不能移动，否则不能完成双击功能。双击的作用是打开被选对象，对于不同的对象也有不同的意义，如双击文件夹就打开了该文件夹，而双击一个应用程序则是启动它。

（4）右击。右击的方法是迅速按下鼠标的右键并释放它。右击的作用是弹出当前被选对象的一个快捷菜单。

（5）拖动。拖动的方法是在按下左键的同时移动鼠标。注意在移动过程中，左键一定不能松开。拖动操作常常用来代替执行菜单命令，对文件夹、文件或对象进行复制、移动和删除等操作。常见的有拖动对象或文件进行移动操作；如果在拖动鼠标的同时按下"Ctrl"键，则可以完成对被选对象的复制工作；要删除某个文件或文件夹，可将它拖到回收站图标上；要打印某个文件，可直接将其拖到打印机图标上等。

使用鼠标时屏幕上会出现一个鼠标指针，鼠标指针在不同的情况下会显示不同形状。在 Windows 7 系统中，共定义了 15 种鼠标指针，每一种指针形状都具有特定的含义，鼠标指针的常见形状，见表 2-1。鼠标移动过程中，光标的形状会发生变化，光标形状的变化代表着可以进行的操作。

表 2-1　鼠标指针的常见形状

状态	形状	状态	形状	状态	形状
正常选择	↖	文字选择	I	沿对角线调整 1	↘
帮助选择	↖?	不可用	⊘	沿对角线调整 2	↗
精度选择	+	手写	✎	移动	✥
后台操作	○	垂直调整	↕	候选	↑
忙	○	水平调整	↔	链接选择	☝

2. 键盘操作

键盘是最基本的输入设备，键盘不仅可以用来输入文字或字符，而且使用组合键还可以替代鼠标操作，常见的键盘有 101 键、102 键、104 键等，如图 2-1 所示。

与鼠标类似，键盘上每一个键的功能没有统一规定，这是由应用程序本身定义的。但是大部分的应用程序对一些键的定义是相同或类似的，如"F1"键通常用于帮助。Windows 系统定义了一组快捷键来帮助用户更方便、更快捷地使用 Windows 操作系统，见表 2-2。

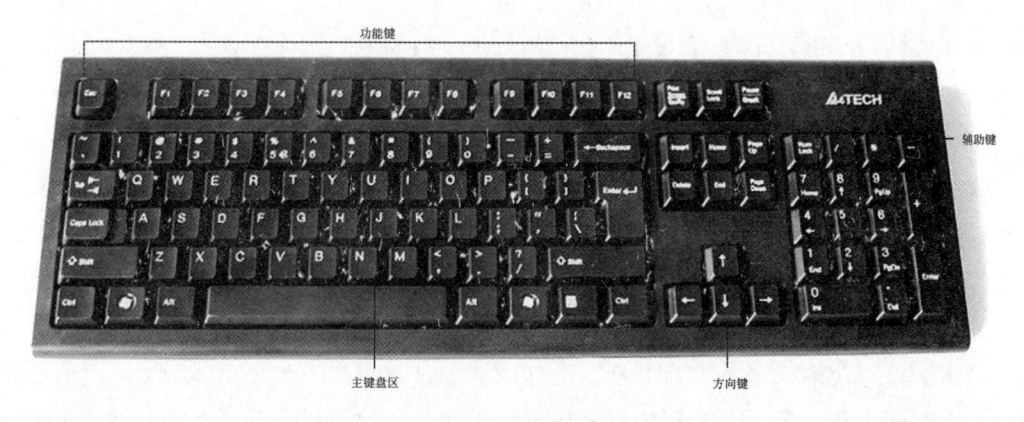

图 2-1　键盘

表 2-2　Windows 菜单操作快捷键

快 捷 键	功　　能
Alt+F4	关闭当前程序窗口
Alt+Tab	在不同应用程序窗口之间切换
Alt+Esc	在任务栏的不同应用程序最小化图标之间来回切换
Alt+空格	打开当前活动窗口的控制菜单
Ctrl+F4	关闭多文档应用程序（如 Word）的当前子窗口
Ctrl+Esc	打开"开始"菜单
Ctrl+X	将选中的对象剪切到剪贴板
Ctrl+C	将选中的对象复制到剪贴板
Ctrl+V	将剪贴板中的内容（文件夹、文档、文本等）复制（粘贴）到当前位置
Ctrl+Z	撤销上次操作
Ctrl+空格	中英文输入方式切换
Ctrl+Shift	切换输入法
Del	删除选中的对象（文件夹、文档、一段文本等）
Esc	关闭当前对话框
F2	为选中的文件夹或文档重命名
Shift+Del	永久删除选中的对象
Shift+F10	打开选中对象的快捷菜单

三、Windows 7 系统的桌面调整与使用

1. Windows 7 桌面上的图标

启动 Windows 7 系统后的整个屏幕称为桌面，桌面上的每个图标分别代表不同的对象，它为用户提供了快速执行程序或打开窗口的方法。桌面上的图标可分为应用程序快捷方式图标、文件图标和文件夹图标三种，它们的区别在于双击应用程序图标执行的是一个应用程序；双击文件图标打开的是创建该文件的应用程序窗口及该文件；双击文件夹图标则打开的是一个文件夹窗口。

Windows 7 桌面上的图标通常有"计算机""网络""回收站""Administrator"等，用户可以根据需要随时在桌面上进行添加或删除图标。

（1）"计算机"。双击该图标，可打开"计算机"窗口，该窗口用于组织管理文件及其他系统资源，如控制面板、打印机等。它包含当前计算机的各个驱动器图标，双击某个图标，Windows 7 便会打开一个新窗口，显示该驱动器下的全部内容。据此，用户还可以打开该驱动器下的某个文件夹，对其中的对象进行查看和执行其他操作。通过"计算机"管

理系统资源，用户可以查看系统设备配置情况以及对各种设备进行安装和设置。

（2）"Administrator"。其主要用于查看存储在 C 盘 / 用户 /Administrator 文件夹中的文档、图形或其他能够访问的文件。当使用写字板或画图等许多应用程序创建文件时，如果用户不指定保存的位置，则这些文件将自动保存在"Administrator"文件夹中。双击"Administrator"图标可以快速访问保存在"Administrator"文件夹中的下一级文件中的文档。

（3）"网络"。双击该图标，可打开"网络"窗口，从而可以访问网络中的其他计算机并共享其资源。

（4）"回收站"。"回收站"用于暂时保存被用户删除的硬盘上的对象，如文件、文件夹或快捷方式等。如果发现某个对象被误删除，可以双击该图标，打开"回收站"窗口，将删除的对象恢复到原来的磁盘区域。但是回收站容量是有限的，当回收站空间被塞满后，新删除的对象就会占用前面被删除的对象存放的空间，这时最早删除的对象就不可能恢复了。

（5）"Internet Explorer"。该图标默认在 Windows 7 的桌面底部的任务栏中，是一种最常见的网络浏览器，它可以浏览互联网信息。

2. Windows 7 桌面上图标的调整

Windows 7 桌面就像我们平时使用的办公桌，可以将经常用的东西摆在上面，需要时可随时使用它。因此，除了由系统安装时创建的图标外，对于一些常用的文件或文件夹，也可以将其直接保存在桌面上以图标的形式呈现；也可在桌面上为某个应用程序建立快捷方式图标，只要是桌面上显示的图标，都可以用鼠标双击或使用键盘激活让它们启动运行。

对桌面上的图标可以通过鼠标拖动改变它的当前位置，还可以用鼠标右击桌面空白处，在弹出的快捷菜单中，选择"排列方式"，对当前桌面的图标进行重新排列。

3. 任务栏的调整

任务栏是用于打开程序和浏览计算机的一种工具。Windows 7 是一个多任务的操作系统，允许系统同时运行多个程序。通过任务栏，用户可以更好地管理应用程序，在多个程序之间自由切换。

（1）任务栏的组成部分。

任务栏通常位于桌面的最底部，如图 2-2 所示，由以下几部分组成。

图 2-2　任务栏

①"开始"按钮，位于任务栏的左边，单击此按钮可以打开"开始"菜单。

②快速启动栏，位于"开始"按钮右边，包括一些常用程序的按钮，单击这些按钮可运行相应的程序。

③空白区，位于任务栏中间，显示运行中的应用程序的任务栏按钮。

④通知区，位于任务栏右边，显示发生一定事件时的通知图标，也可以显示时间和包含快速访问程序的快捷方式。

用户可以根据需要设置任务栏外观和开始菜单属性，以实现个性化的用户界面。

（2）任务栏的调整操作。

①改变任务栏的大小和位置。任务栏大小的改变类似于窗口大小的改变，用鼠标指向任务栏边框（内侧边），当鼠标变为双向箭头时，按住鼠标并拖动可修改其宽度。

任务栏所在位置除桌面的底部外，亦可放置在桌面顶部、左侧或右侧，移动的方法是将鼠标指向任务栏未用区域后按住鼠标并拖至桌面其余三个边框中的任一所需位置。

如果要改变任务栏的大小和位置，必须确保当前的任务栏没有被锁定。右击任务栏的空白处，在其快捷菜单中有一菜单选项"锁定任务栏"，取消它的选定状态，则使任务栏处于非锁定状态。

②改变任务栏的属性。将鼠标放在任务栏未用区域并单击鼠标右键打开"快捷菜单"，选择其中的"属性"命令将打开"任务栏和「开始」菜单属性"对话框，如图2-3所示，选择其中的"任务栏"选项标签。另外，从"开始"菜单的"设置"子菜单中选择"任务栏和开始菜单"项也可以打开此对话框。

在"任务栏和「开始」菜单属性"对话框中，可以设置任务栏外观，也可以订制驻留程序所在的通知区域。在"任务栏"选项组中包括了以下几个设置任务栏外观效果的选项。

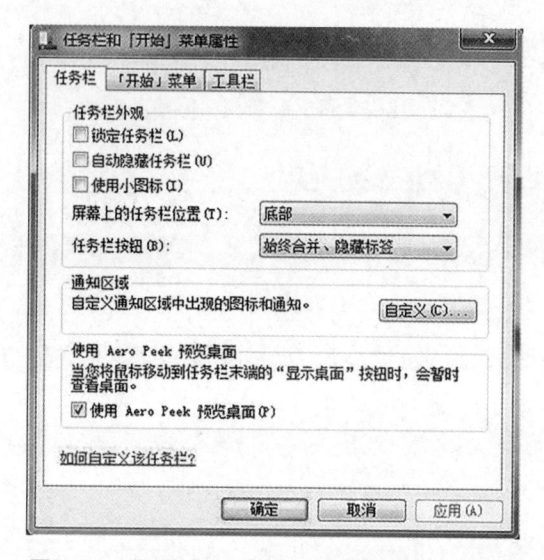

图2-3 "任务栏和「开始」菜单属性"对话框

①锁定任务栏，保持现有任务栏的外观，避免意外改动。

②自动隐藏任务栏，当任务栏未处于使用状态时，将自动从屏幕下方退出。鼠标移动到屏幕下方时，任务栏重新回到原位置。

③使用小图标，会使任务栏的图标变小，可以在任务栏中显示更多的任务图标。

④屏幕上的任务栏位置，默认是底部，可以更改为左边、右边和顶部。

⑤自定义，可以选择在任务栏上出现的图标和通知。

（3）添加工具栏。

除了对任务栏进行以上设置外，还可以在任务栏上添加"工具栏"，以便能快速打开各种程序、文件或文件夹。

Windows 7 系统中预定义了多种工具栏，如地址栏、链接栏和桌面栏等。要在任务栏上显示这些预定义的工具栏，可右击任务栏的任一空白处，然后从弹出的快捷菜单中选择"属性"子菜单，选择工具栏选项卡，勾选要在任务栏上显示的选项即可。

除了预定义工具栏外，用户还可以将常用的一些文件夹放在任务栏上，以便能快速对其进行操作。要新建工具栏，可在任务栏空白处右击在弹出的快捷菜单中选择"工具栏"，再选择"新建工具栏"。具体操作步骤如下。

①右击任务栏的任一空白位置，弹出快捷菜单。

②从快捷菜单的"工具栏"子菜单中，选择"新建工具栏"命令，弹出"新建工具栏"对话框，如图 2-4 所示。

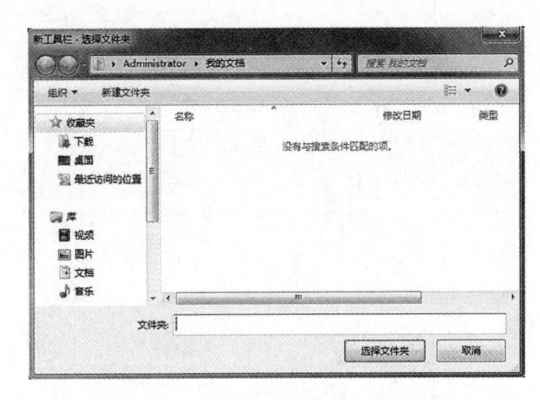

图 2-4 "新建工具栏"对话框

③选择要放在任务栏上的磁盘或文件夹，或者在文本框键入一个 Web 地址。

④单击"确定"按钮，关闭"新建工具栏"对话框。

然后所选磁盘或文件夹的内容就出现在"工具栏"中，单击其中的文件夹或程序按钮，就可方便地打开此文件夹或运行该程序。

4."开始"按钮

"开始"按钮通常位于桌面底部任务栏的左侧，单击任务栏左侧的"开始"按钮" "，弹出"开始"菜单。"开始"按钮是运行 Windows 7 应用程序的入口，单击此按钮（按"Ctrl+Esc"键或" "键），可以打开"开始"菜单，如图 2-5 所示。Windows 7 系统的"开始"菜单充分考虑到用户的视觉需要，设计风格清新、明朗，通过"开始"菜单可以方便地访问互联网、收发电子邮件和启动常用的程序。

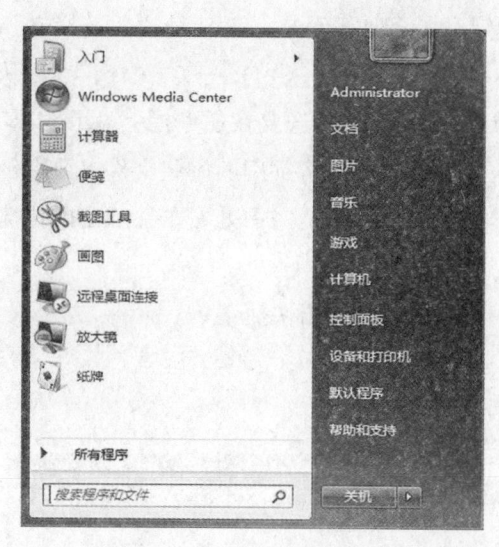

图 2-5 "开始"菜单

（1）"开始"菜单右上方标明了当前登录计算机系统的用户。

（2）在"开始"菜单的中间部分左侧是用户常用的应用程序的快捷启动项，通过这些快捷启动项，用户可以快速启动应用程序（如 Word，画图等）。

（3）在右侧是系统控制工具菜单区域，比如"计算机""文档""控制面板"等选项，通过这些菜单项用户可以实现对计算机的操作与管理。

（4）在"所有程序"菜单项中显示计算机系统中安装的应用程序。

（5）在"开始"菜单最下方的"关机"按钮右侧有一个指向右侧的箭头，里面还包括"注销"和"重新启动"等五个按钮，用户可以在此进行注销用户和重启计算机等操作。

四、窗口与对话框

Windows 7 环境下所有资源的管理与使用等操作都可以在桌面上显示的一个具有标题、菜单、工作按钮等图形符号的矩形区域内进行，这个矩形区域称为"窗口"。窗口为用户提供了多种工具和操作手段，是人机交互的主要界面。

1.Windows 7 窗口基本组成

Windows 操作主要是在系统提供的不同窗口中进行，其中大部分窗口包含了相同的组成。典型的 Windows 7 窗口主要由控制按钮、地址栏、菜单栏、工具栏、状态栏等组成，如图 2-6 所示。

（1）控制按钮，位于窗口最上方。

①前进与后退按钮。位于窗口的左上角，后退是返回前一个窗口内容；前进是返到上一个窗口内容。

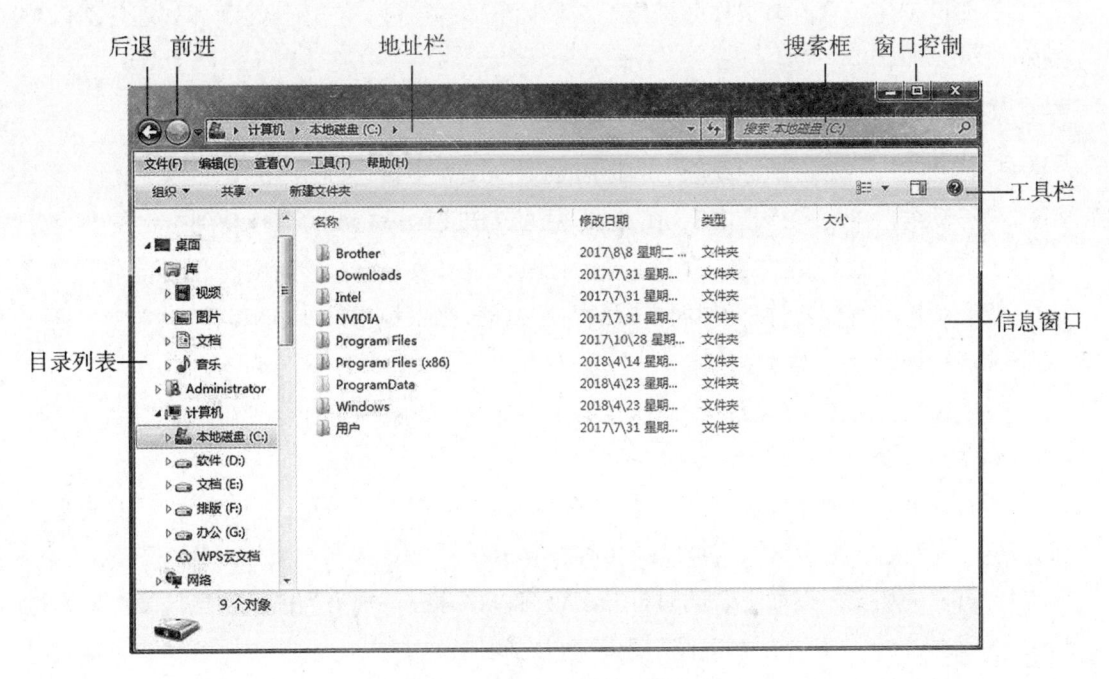

图 2-6　Windows 7 "计算机"窗口

②最小化按钮。单击"最小化"按钮可以将窗口变为最小状态，即转入后台工作，并在任务栏中显示为非活动窗口。

③最大化/还原按钮。单击"最大化"按钮可以将窗口变为最大状态。当窗口最大化后，该按钮就被替换成窗口的"还原"按钮，单击"还原"按钮，可以将窗口恢复到最大化前的状态。

④关闭按钮。单击"关闭"按钮，可以关闭窗口，即退出当前应用程序的运行。

（2）菜单栏。菜单栏一般位于标题栏下边一行，其上列出应用程序的各功能项，每一项称为菜单项，单击菜单项，将显示该菜单项的下拉菜单。

（3）工具栏。工具栏通常位于菜单栏下，其中的每个小图标对应下拉菜单中的一个常用命令。

（4）地址栏。在地址栏中输入相应文件或文件夹的路径，单击"转到"按钮或"Enter"键，可将其打开。

（5）滚动条。滚动条包括水平和垂直滚动条，当窗口工作区不能容纳窗口要显示的信息时就会出现窗口滚动条，利用窗口滚动条功能可以使用户通过有限大小的窗口查看更多的信息。其操作有如下几种。

①单击垂直滚动条向上或向下的箭头，窗口的内容向上或向下滚动。

②单击水平滚动条向左或向右的箭头，窗口的内容向左或向右滚动。

③单击水平滚动条中滚动滑块右方的空白处，窗口的内容向右滚动一屏。

④单击垂直滚动条中滚动滑块下方的空白处，窗口的内容向下滚动一屏。

（6）窗口工作区。窗口工作区是位于工具栏下面的区域，它用于显示和处理各工作对象的信息。

2. Windows 7 窗口基本操作

（1）打开窗口。双击图标或选中图标后按"Enter"键。

（2）移动窗口。将鼠标指向窗口的标题栏处，按住鼠标左键将其拖动到指定位置。

（3）窗口大小的改变。当窗口不是最大化时，可以改变窗口的高度和宽度。

①改变窗口的宽度：将鼠标指向窗口的左右边框，当鼠标指针变成双向箭头"↔"后，按住鼠标左键拖动到所需宽度。

②改变窗口的高度：将鼠标指向窗口的上下边框，当鼠标指针变成双向箭头"↕"后，按住鼠标左键拖动到所需高度。

③同时改变窗口的宽度和高度：将鼠标指向窗口的任意一个角，当鼠标指针变成倾斜双向箭头"↘"后，按住鼠标左键拖动到所需大小。

（4）窗口的切换。桌面上若同时打开多个窗口，总有一个为当前活动窗口，可以通过"Alt+Tab"或"Alt+Esc"组合键来实现多窗口之间切换。

（5）排列窗口。当用户打开了多个窗口，而且需要全部处于显示状态，一般可用菜单方式来排列窗口，在"任务栏"空白处右击鼠标，打开快捷菜单，选择窗口排列命令。

①层叠窗口：使所有打开的窗口层叠显示，正在使用的窗口显示在最前面。

②堆叠显示窗口：使所有的窗口上下平铺。

③并排显示窗口：使所有的窗口纵向平铺。

3. 对话框

对话框是实现用户与计算机系统之间信息交流的一种特殊窗口，用户可以通过在对话框中对选项的设定，实现人机交互。

（1）对话框的特点。

①有标题栏但无控制菜单图标和菜单栏。

②有关闭按钮但无最大化、最小化按钮。

③可移动位置，但不可改变大小。

（2）对话框的组成。对话框的组成和窗口有相似之处，但对话框更简洁、直观且侧重与用户交流。对话框一般包括标题栏、标签、列表框、命令按钮等几部分，如图2-7所示。

①标题栏。标题栏上最左边是对话框的名称，右边是"关闭"按钮，用鼠标拖动标题栏可移动对话框的位置。

②标签。把相关功能的对话框合在一起形成一个多功能对话框，每项功能的对话框称为一个标签。

③复选框。复选框用来在一组可选项中选择其中一个或若干个。复选框的选项前有

一个"□",被选择的选项前方框中有一个对号"☑",用鼠标单击方框可以改变选择。

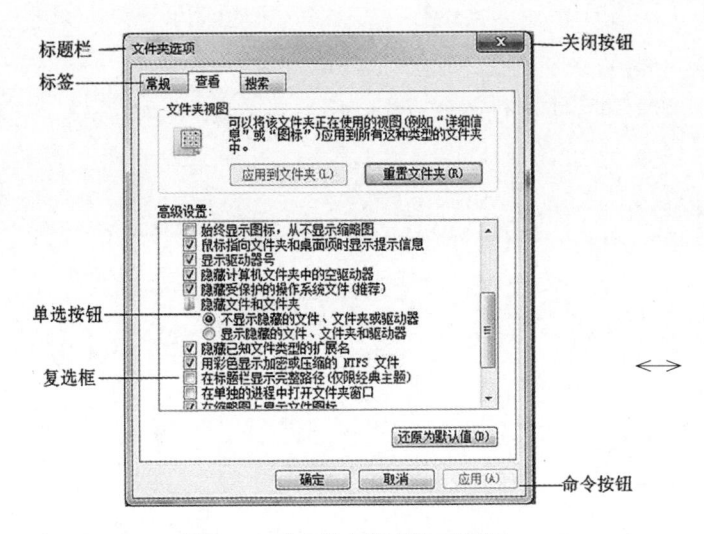

图 2-7 "文件夹选项"对话框

④单选按钮。单选按钮用来在一组可选项中选择其中一个。单选按钮的选项前有一个○,被选择的选项前圆圈中间有一个圆点"⊙",用鼠标单击圆圈可以改变选择。

⑤数字框。数字框用来输入或调整数字信息,数字框的右边有一个微调按钮"⇕",单击微调按钮可以调整数字信息。

⑥文本框。文本框用于输入简短的文字信息,单击文本框出现闪烁的光标后即可键入所需要的文字信息。

⑦列表框和下拉列表框。列表框中列出可供选择的选项,由用户选择其中一项或多项,当一次不能全部显示在列表框时,系统会提供滚动条帮助用户快速查看。下拉列表框也是一种列表框,只是其列表平时折叠起来,当用鼠标单击其右侧的按钮"▼"时,列表框才会显示出来。

⑧游标。游标又称滑动按钮,左右拖动游标可改变数据大小,一般用于调整参数。

⑨命令按钮。是一些具有立体效果的方块,方块上写着按钮的名称。单击命令按钮就表示要执行该项操作,如"确定""取消""应用"等。如果命令按钮呈现浅灰色,表示该按钮不可用。

⑩帮助按钮。对话框标题栏的右边有一个帮助按钮"?",单击该按钮后鼠标变为带有问号的箭头,此时再单击某一对象则在该对象旁边出现一个有关该对象的信息框,再单击任意位置,信息框关闭,鼠标也恢复原有标志。

五、Windows 7 系统的菜单操作

菜单实际是一组"操作名称"列表,也可以看作是一种操作向导,通过鼠标就可以实现各种操作。

41

1. 菜单的种类

在 Windows 7 系统中常用的菜单有开始菜单、控制菜单、快捷菜单、下拉菜单和级联菜单等几种类型。

（1）开始菜单。如果要运行某个应用程序，要通过"开始"菜单来选择，"开始"菜单是用户使用和管理计算机的入口。

①"开始"菜单的打开方法如下。

a. 单击"开始"按钮。

b. 按组合键"Ctrl+Esc"。

c. 按下键盘中标有视窗图案的键"⊞"，此键一般位于"Ctrl"键和"Alt"键之间。

②开始菜单的关闭方式如下。

a. 单击桌面上"开始"菜单以外的任意处。

b. 按"Esc"键或"Alt"键。

（2）控制菜单。在窗口标题栏左侧单击"控制菜单图标"，弹出的控制菜单包含了窗口中各种控制功能。

（3）快捷菜单。右击鼠标弹出的菜单为快捷菜单，此类菜单没有固定位置，对于不同的操作对象弹出的快捷菜单也不同，快捷菜单中包含了操作该对象在当前状态下的常用命令。

（4）下拉菜单。单击菜单栏上的各菜单项，则弹出的菜单为下拉菜单。

（5）级联菜单。级联菜单不是一个独立的菜单，它是某个菜单项扩展出来的下一级子菜单，允许多层嵌套。当菜单命令后面有一个向右的箭头"▶"时表示它的下面有级联菜单。

2. 菜单的符号约定

在菜单中用一些特殊符号或显示效果来标识菜单的状态。

（1）分隔横线：表示菜单命令的分组。

（2）灰色菜单命令：表示在目前状态下该命令不起作用。

（3）省略号：表示选择该命令后会显示一个对话框。

（4）右箭头"▶"：表示该菜单命令下还有下一级菜单，称为下级菜单或联级菜单。

（5）向下的双箭头"⌄"：表示当前菜单中有许多命令没有显示，当鼠标指向双箭头时，便会显示一个完整的菜单。

（6）热键：位于菜单命令名右边，用带有下划线的一个字母标识，表示用键盘选择该菜单项时，只需按一下该字母。如"插入"下拉菜单中的"图片"后面的"(P)"，表示用键盘选择该菜单命令时，只需按一下该字母。

（7）快捷键：位于菜单命令的最右端，表示选择这个命令时不用打开菜单而只要按这个热键就可以了。如"插入"下拉菜单中"超链接"右面的"Ctrl+K"。

3. 菜单的取消

用鼠标单击菜单外的任何地方或按"Esc"键，菜单自动关闭。

六、Windows 7 系统的帮助系统

Windows 7 为用户提供了一个易于使用和快速查询的联机帮助系统，通过帮助系统可以获得使用 Windows 7 及其应用程序的有关信息。

1. 通过"开始"菜单的"帮助与支持"命令获得帮助

单击"开始"按钮，选择"帮助与支持"命令，出现"帮助和支持中心"窗口，它为用户提供帮助主题、指南、疑难解答和其他支持服务。Windows 7 的帮助系统以 Web 页的风格显示内容，以超级链接的形式打开相关的主题，用户通过帮助系统，可以快速了解 Windows 7 的新增功能及各种常规操作，其窗口界面如图 2-8 所示。

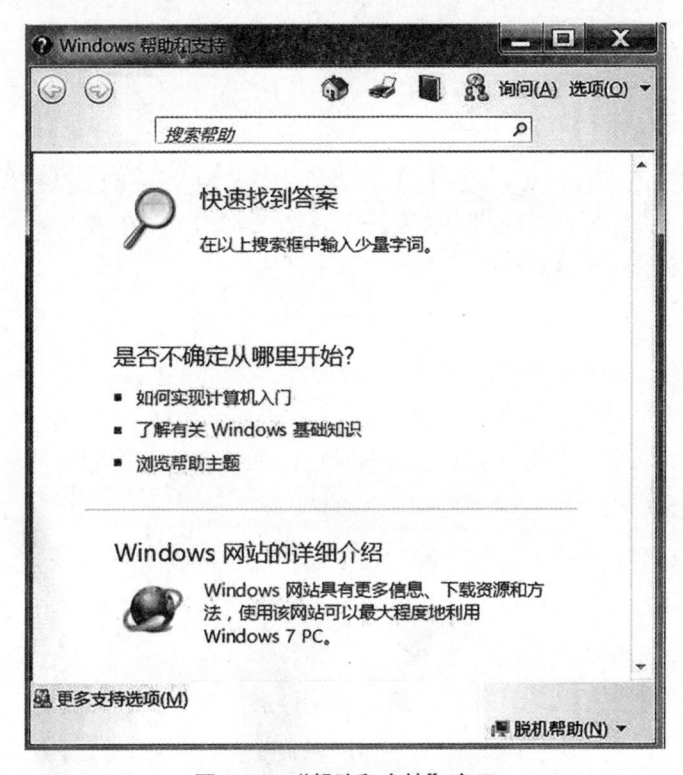

图 2-8 "帮助和支持"窗口

2. 从对话框直接获得帮助

在 Windows 系统中，所有对话框都有"帮助"图标，单击相关主题的"帮助"图标，可以直接获得帮助。

3. 通过应用程序的"帮助"菜单获得帮助

Windows 7 应用程序一般都有"帮助"菜单。打开应用程序的"帮助"菜单，其中列出了几种关于本应用程序的帮助信息。

4. 利用"F1"键

当某应用程序处于当前状态，按"F1"功能键，可启动该应用程序的帮助系统。

第二节　Windows 7 系统的文件及文件夹管理

一、文件的存储

Windows 7 是一个面向对象的文件管理系统，文件是最小的数据组织单位，也是 Windows 操作系统用来存储和管理信息的基本单位。

1. 文件的属性与命名

文件是指存放在外存储器上的一组相关信息的集合，用户使用和创建的文档都可以称之为文件。文件一般具有以下属性。

（1）文件中可以存放文本、程序、声音、图像、视频和数据等信息。

（2）文件名的唯一性。同一个磁盘中的同一目录下绝不允许有重复的文件名。

（3）文件具有可转移性。文件可以从一个磁盘复制到另一个磁盘上，或者从一台计算机通过拷贝转移到另一台计算机上。

（4）文件在磁盘中要有固定的位置。用户要访问文件时，必须通过路径来获得文件的位置。路径一般由存放文件的驱动器名、文件夹名和文件名组成。

文件是由文件名和图标组成。一种类型的文件具有相同的图标，每个文件都有一个确定的名字，文件的名称由文件名和扩展名组成。如某安装程序的文件名为"Setup.exe"，表示其主名为"Setup"，扩展名为"exe"。

Windows 7 支持长文件名，其长度（包括扩展名）可达 255 个字符，1 个汉字看作 2 个字符，组成文件名的字符可以是英文字母（不区分大小写）、汉字、数字和 #、&、^、@ 等特殊符号。在文件名中不允许使用 /、\、?、:、"、<、>、|、* 等字符。

计算机系统对一些标准的外部设备指定了特殊的名字，称为设备名。操作系统在管理中将设备当作文件一样使用，操作系统不允许将设备名作为用户文件名。常用的设备名有 CON(控制台：键盘或显示器)、LPT1 / PRN(第 1 台并行打印机)、COM1 / AUX(第 1 个串行接口)、COM2(第 2 个串行接口)。

文件名和扩展名之间用一个"."字符隔开。通常扩展名由 1～4 个合法字符组成，文件的扩展名用来说明文件所属的类型。部分常见的文件类型，见表 2-3。

表 2-3　常见文件类型

扩展名	文件类型	扩展名	文件类型
.EXE	可执行程序文件	.COM	系统程序文件
.BAT	批处理文件	.C	C 语言源程序
.TXT	文本文件	.RAR	WinRAR 压缩文件
.HTM	超文本文件	.PPT	PowerPoint 文档
.HLP	帮助文件	.DOC	Word 文档
.WAV	声音文件	.XLS	Excel 文档
.BMP	位图文件	.MDB	Access 数据库文件
.DLL	动态链接库	.DB	Visual FoxPro 表文件
.PDF	Adobe Acrobat 文档	.JAVA	Java 语言源程序

通常情况下，扩展名用来区分文件的类型，借助扩展名，人们可以判定用于打开该文件的应用程序。例如，当双击 .txt 的文件时，操作系统将启动"记事本"的应用程序将其打开。查找和显示文件时可以使用通配符："*"代表任意一串字符；"？"代表任意一个字符。

2. 文件夹与树型结构

为了便于对文件进行存取和管理，系统引入了文件夹的概念。文件夹是用于存储程序、文档、其他子文件夹的地方，多数情况下，一个文件夹对应一块磁盘空间。当打开一个文件夹时，它是以窗口的形式呈现在屏幕上，关闭它时，则收缩为一个图标。用户在保存文件时可以选择文件夹，也可以方便地实现文件移动、复制和删除等功能。

每一个文件夹都有一个名字，它的命名规则与文件的命名规则相同，只是文件夹的扩展名不用作类型标识。每一个文件夹中还可以再创建文件夹，称为子文件夹，以方便更细致地分类保存。

文件夹可以帮助用户将计算机文件组织成特定的目录，其形状就像一棵倒挂的树，称为树形目录。

计算机中驱动器（硬盘、软盘、光盘、U 盘等）的第一级目录称为根目录，驱动器的根目录是系统自动生成的。一个驱动器只有一个根目录，且不能被删除，其是树根结点。其他各级（文件除外）都称为文件夹，在 Windows 中用图标"▊"表示，是树枝结点。文件则相当于是树叶。

3. 路径

所谓文件的路径是从根目录出发，一直到所要找文件的一条目录途径，途经的各个子文件夹之间用分隔符反斜线符号"\"连接。

对于每一个文件，其完整的文件说明由四部分组成，盘符、路径、文件名和扩展名。前两项表示文件存储的位置。驱动器由盘符和冒号构成，如"C："和"D："分别表示 C 盘和 D 盘。

文件说明的形式为 [d:][path]filename[.ext]。

d: 表示驱动器；

path 表示路径；

filename 表示文件名；

.ext 表示扩展名。

其中 [ ] 表示该项目可省略。

例如，图 2-9 中的文件 abc.txt，完整的文件说明是 C:\Windows\Temp\abc.txt。

当选择了某文件后，在地址栏中会显示该文件的路径信息，如果在地址中不能显示如图 2-9 所示的格式，可以用鼠标单击一下地址栏。

图 2-9 地址栏中的路径信息

二、Windows 7 的资源管理器

为了对文件和文件夹进行更好管理，Windows7 系统主要提供了"计算机"和"资源管理器"两个操作平台。其中，前者主要应用于较简单、快捷的操作中；后者则提供给用户较全方位的应用，它除了可以完成"计算机"中的所有功能外，还可以对"桌面""回收站"以及"Internet Explore"等项目进行管理。

"资源管理器"是 Windows7 一个重要的文件管理工具。它将计算机中的所有文件图标化，使得对文件的查找、复制、删除、移动等操作变得更加容易，也使用户更加方便对文件的各种操作。

打开"资源管理器"的方法通常有以下几种。

（1）打开"开始"菜单，依次单击"所有程序""附件""Windows 资源管理器"命令。

（2）用鼠标右击"开始"按钮，在弹出的快捷菜单中选择"打开 Windows 资源管理器"命令。打开的"资源管理器"窗口如图 2-10 所示。

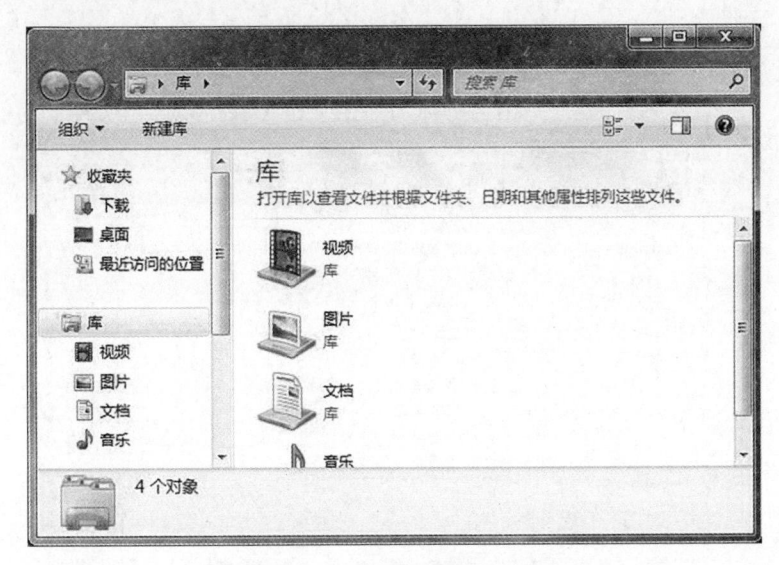

图 2-10 "资源管理器"窗口

如果单击左窗格中的文件夹或者双击右窗格中的文件夹，则可以打开该文件夹，并在内容窗口中显示该文件夹的内容。

单击标准工具栏上的"搜索"按钮，"资源管理器"窗口左侧变为"搜索"窗格，用于文件或文件夹的查找。

三、管理文件和文件夹

利用"资源管理器"和"计算机"窗口均可以对文件和文件夹进行操作，包括对文件或文件夹的选择、复制、移动、删除、重命名、搜索以及设置属性和快捷方式等基本操作。但这些操作在"资源管理器"窗口的树形目录结构中操作更方便。

1. 文件夹或文件的新建

（1）创建文件夹。

启动"资源管理器"后，首先要定位需要新建文件夹的位置，打开新建文件夹的上一级文件夹，如果要在 D 盘根目录下新建一个文件夹，则单击该磁盘驱动器将其打开。然后利用"文件"菜单（如果文件菜单没有出现可按键盘上的"Alt"键）或者在内容窗格的空白处右击弹出的快捷菜单，选择"新建"命令的级联菜单"文件夹"命令，如图 2-11 所示。建立一个临时名称为"新建文件夹"的新文件夹。输入新文件夹的名称，如"_user"，单击空白处或者按"Enter"键确认。这样就在 D 盘的根目录下新建了一个"_user"的子文件夹。

在"资源管理器"窗口中，打开"_user"的子文件夹，用上面的方法依次建立"C1""C2""C3""C4"子文件夹，然后打开"C2"，创建下一级的子文件夹"C1"。

在同一个文件夹中的同一级中不允许出现同名的子文件夹或文件。但在不同文件夹中可以出现同名子文件夹或文件，如"_user"文件夹下有子文件夹"C1"，"C2"文件夹下面也可以有子文件夹"C1"。但在"_user"文件夹的直接下一级中，不能再出现一个主名为"C1"而不带扩展名的文件或文件夹。

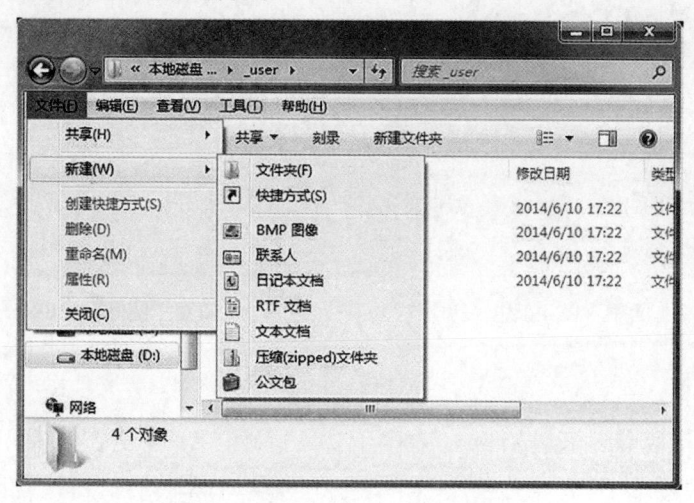

图 2-11 文件夹与文件的新建

▶ 相关知识提示

在许多对话框中都有一个"创建文件夹"按钮，可以直接用来创建文件夹。这些对话框有"打开""保存""另存为""复制到文件夹""移动到文件夹"对话框等。如图2-12所示为选定文件后，单击"编辑"菜单中的"复制到文件夹"命令，出现的对话框。该对话框包含了"创建新文件夹"按钮，单击该按钮即可在当前文件夹下建立一个临时名称为"新建文件夹"的新文件夹，用户再输入要创建的文件夹的名称即可。

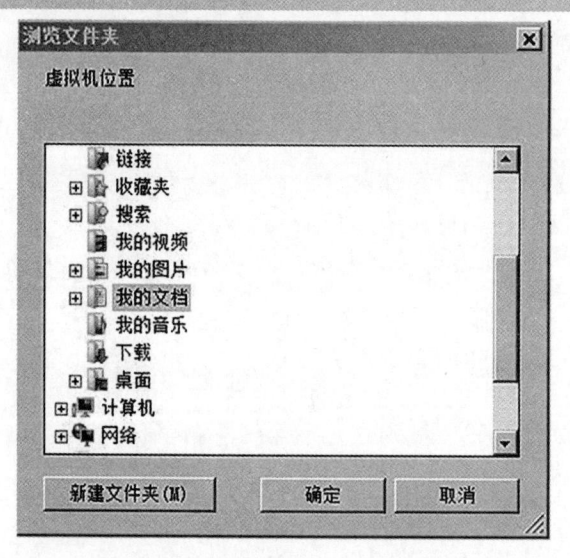

图 2-12 在对话框中"创建文件夹"

在对话框中创建文件夹有很大的好处，使得用户在打开、保存文件或复制内容时不必再返回到资源管理器中去创建文件夹。

（2）新建文件。

要创建一个新文件，如同创建文件夹的方法类似，在图 2-11 中的文件类型列表中，只需从列表中选择一种类型即可。每创建一个新文件，系统都会自动给它一个默认的名字。例如，要创建一个文本文件，那么系统就把这个新文件叫作"新建文本文档"。如果这个名字命名的文件已经存在，系统会另外起一个名字，如"新建文本文档（2）"。

在"资源管理器"窗口中打开 D:\user\C1 文件夹，新建文本文件 abc.txt。

使用上述方法创建新文件时，Windows 7 并不自动启动它的应用程序。要想编辑该文件，可以双击文件图标，启动相应的应用程序进行编辑操作。

当然用户也可以通过应用程序来新建文件。首先启动应用程序，完成新文件的编辑后，然后选择"文件"菜单中的"保存"命令把它存放在磁盘上。

2. 文件或文件夹的选择

在对文件和文件夹进行重命名、复制、移动和删除等操作时，选择的操作对象可能是一个，也可能是多个。

（1）选择单个文件或文件夹。单击要选择的文件或文件夹，此时该文件或文件夹呈反白显示，表示该文件或文件夹被选择。

（2）选取连续多个文件或文件夹。如果所要选取的文件或文件夹的排列位置是连续的，可用鼠标单击第一个文件或文件夹，然后按住"Shift"键的同时单击最后一个文件或文件夹，即可一次性选取多个连续文件或文件夹。

也可以用鼠标拖放来选定连续的多个文件，即在要选定的第一个文件的左上角按下鼠标，然后拖动鼠标至最后一个文件的右下角再释放鼠标。

（3）选取不连续多个文件或文件夹。如果要选择多个不连续的文件或文件夹，可按住"Ctrl"键，用鼠标依次选择要选定的文件或文件夹。如图 2-13 所示。

（4）全部选定和反向选择。在"资源管理器"窗口的"编辑"菜单中，系统提供了两个用于选取文件或文件夹的命令："全部选定"和"反向选择"。前者用于选取当前文件夹中的所有文件或文件夹，相当于键盘上的快捷键"Ctrl+A"，后者用于选取那些在当前文件夹中没有被选中的对象。

（5）取消选择。如果只取消部分已选择的文件或文件夹，可以在按住"Ctrl"键的同时，依次单击待取消的文件或文件夹；如果要取消所有被选择的文件或文件夹，可以在内容窗格中的任意空白处单击。

图 2-13　选取不连续多个文件或文件夹

3. 复制文件和文件夹

复制文件或文件夹是用户常用的操作，复制文件或文件夹有多种方法，可以通过菜单或工具栏的命令来进行复制，也可用鼠标拖放来复制。

（1）利用命令来实现复制。

①打开"资源管理器"，选择要复制的文件或文件夹。

②单击"编辑"菜单中的"复制"命令，也可以是右击快捷菜单中的"复制"命令或者按键盘上的快捷键"Ctrl+C"。

③打开目标文件夹。

④单击"编辑"菜单中的"粘贴"命令，也可以是右击快捷菜单中的"粘贴"命令或者按键盘上的快捷键"Ctrl+V"，完成复制操作。

用户选定要复制的文件或文件夹后，也可利用"编辑"菜单中的"复制到文件夹"命令，在"复制项目"对话框完成复制操作。

（2）利用鼠标拖动来实现复制。

①打开"资源管理器"，选择要复制的文件或文件夹。

②按住鼠标左键拖动鼠标，指向要复制的目标文件夹，当目标文件夹用反白显示表示已经被选中了，释放鼠标完成复制操作。

用户选定要复制的文件或文件夹后，也可以按住鼠标右键拖动，指向要复制的目标文件时，释放鼠标，选择"复制到当前位置"命令即可。

在鼠标的拖动过程中，光标的右下角会显示一个加号，这就表示现在执行的是复制操作，如果没有这个加号就表示执行的是移动操作。至于鼠标"拖放"操作到底是执行复制还是移动，取决于源文件夹和目的文件夹的位置关系。

①相同磁盘:在同一磁盘上拖放文件或文件夹执行移动命令。若拖放对象时按下"Ctrl"键则执行复制操作。

②不同磁盘：在不同磁盘之间拖放文件或文件夹执行复制命令。若拖放文件时按下"Shift"键则执行移动操作。

4. 移动文件和文件夹

执行复制操作后，在目标文件夹和源文件夹中均有被复制的对象，而移动文件或文件夹是将文件或文件夹从一个位置移动到另外一个位置，执行移动操作后，被操作的文件或文件夹在原来的位置上不再存在。文件和文件夹的移动类似于复制操作，也可以通过命令和鼠标拖动的方法来实现。只要将命令实现方法中的"复制"命令换为"剪切"命令即可，"剪切"命令在键盘上的快捷键是"Ctrl+X"。

5. 重命名

文件或文件夹的名字是可以随时改变的，以便更好地描述其内容。重命名的方式有以下三种。

（1）菜单方式:选中要重命名的文件或文件夹,单击"文件"菜单中的"重命名"命令。

（2）右键方式：用鼠标右键单击要重命名的文件或文件夹，在弹出的快捷菜单中选择"重命名"命令。

（3）两次单击方式：选中要重命名的文件或文件夹，再在文件或文件夹的名字位置处单击。此时文件或文件夹名字反白显示，输入新的名字后，按下"Enter"键或者用鼠标单击空白处确认。注意重命名文件时，不要轻易修改文件的扩展名，以便其能使用正确的应用程序打开。

6. 删除文件和文件夹

在生活中，用户可以将不用的文稿和文件扔到废纸篓中，而当需要或误扔掉时，用户又能将其从废纸篓中捡回来。在 Windows 中，回收站就类似于用户日常生活中的废纸篓。用户可以将不用的文件删除，即扔到回收站中。这样当用户误删除了文件，仍可以将删除的文件从回收站中还原。如果用户要查看"回收站"窗口，可双击桌面上的"回收站"图标，即可打开回收站，其窗口与资源管理器窗口基本相同。

（1）删除文件。如果要删除文件，可执行如下操作之一。

①鼠标右键单击要删除的文件或文件夹，从弹出的快捷菜单中选择"删除"命令。

②选定要删除的文件或文件夹后，单击"文件"菜单中的"删除"命令。

③选定要删除的文件或文件夹后，按下键盘上的"Delete"键。

④直接把要删除的文件或文件夹拖放到"回收站"中。

此时弹出"确认文件删除"对话框。选择"是"按钮,即可删除选定的文件或文件夹。

将文件或文件夹删除到回收站后，文件或文件夹并未从硬盘上清除，而只是由原文件夹的位置移动到回收站文件夹中。如果误删除了文件，这时用户可以将该文件从回收站中找回来。用户如果确实要删除文件或文件夹，可以再将文件从回收站中删除，即可将文件从硬盘上彻底删除。

（2）还原文件。如果要恢复被删除的文件，首先打开"回收站"窗口，选择要恢复的文件或文件夹，单击"文件"菜单中的"还原"命令，或者右击快捷菜单中的"还原"命令，即可从回收站中恢复文件到原来所处的位置。

（3）清空回收站。如果确认回收站中的文件或文件夹已无用，就可以将其从回收站中删除，以收回硬盘空间。

在"回收站"窗口中，选择要删除的文件或文件夹，单击"文件"菜单中的"删除"命令。利用"文件"菜单中的"清空回收站"命令或在桌面的回收站图标处右键单击，在出现的快捷菜单中选择"清空回收站"命令，将删除"回收站"窗口中所有的文件或文件夹。

需要注意的是，从软盘或 U 盘中删除的文件不会被送到回收站中，它们将被永久删除；如果用户在选择"删除"命令的同时按下了"Shift"键，删除文件时将跳过回收站直接永久删除文件，此时将弹出"确认文件删除"对话框，再单击"是"按钮，就将文件从硬盘上彻底删除。

如要删除 D 盘下的 Download 文件夹，可用鼠标左键单击 Download 文件夹然后按下组合键"Shift+ Delete"，会出现如图 2-14 所示的对话框，单击"是"按钮，将文件夹及其内容从硬盘上彻底删除。

图 2-14　确认文件删除对话框

无论是对文件的复制、移动、删除还是重命名操作，都只能在文件没有被别的应用程序使用的时候进行。如果这个文件被别的应用程序使用，如 Word 正在使用的文档文件，就不能进行复制、移动、删除或重命名操作。

▶▶ 相关知识提示

如果回收站太小，用不了太久，回收站就会被装满，此时再删除文件，旧的文件将被彻底删除，为新文件腾出空间。并且如果回收站空间太小而删除的文件又很大，将无法再从回收站中恢复它。

将回收站设置得很大也不是最佳选择，因为分配给回收站的空间不能再挪作他用，所以在出现硬盘空间紧张的情况，用户可以调整回收站的大小，释放硬盘上的更多空间。

如果要调整回收站的大小，可用鼠标右键单击桌面的"回收站"图标，在快捷菜单中单击"属性"命令，打开"回收站属性"对话框，如图 2-15 所示。

在该对话框中，可以取消"显示删除确认对话框"复选框，以防止 Windows 总是询问用户是否删除文件；确认没有选中"不将文件移到回收站中，移除文件后立即将其删除"复选框。因为如果选择了该复选框，将不能恢复意外删除的文件。

用户如果不止有一个硬盘分区，那么可以分别设置每个硬盘的回收站属性，当然也可以所有的硬盘分区都使用相同的设置。

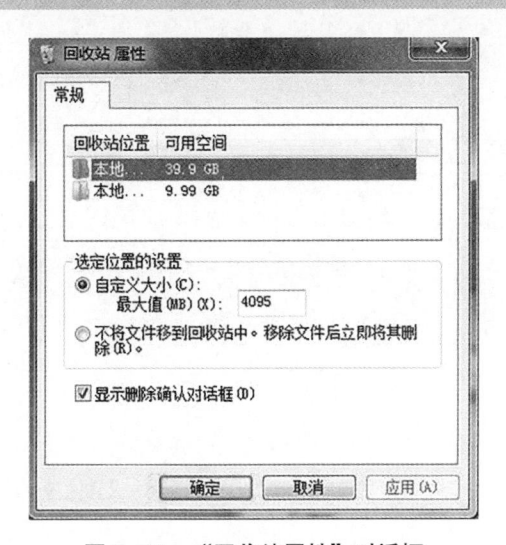

图 2-15 "回收站属性"对话框

7. 搜索文件或文件夹

Windows 有很强的搜索功能，通过"资源管理器"中的"搜索"功能，可实现快捷、高效地查找文件或文件夹。

单击"资源管理器"窗口中右上角的搜索窗口，输入要搜索的内容，然后按"Enter"键就可以搜索内容了。"搜索助理"对话框如图 2-16 所示。

在"全部或部分文件名"文本框中输入要搜索的文件全名或包含的局部字符。值得注意的是，如果不输入文件名，则默认是对所有指定类型的文件进行搜索。文件名中可以使用通配符"？"和"*"。通配符"？"用于代替文件名中的任一字符；而通配符"*"则用于代替文件名中任意长度的字符串。

例如，要找出扩展名为 .txt 的所有文件，则用"*.txt"来表示文件名，这样就会快速找到该类型的所有文件。"w??.doc"表示以字母"w"开头，后跟两个字符的 .doc 类型的文件；而"*.*"则意味着所有文件。如果要搜索多个文件名，那么在输入时还可以使用分号、逗号或空格作为分隔符。

单击"搜索"按钮即可对计算机中的相应类型的文件按指定文件名、指定位置进行搜索。搜索过程结束后，在资源管理器的右边窗口中会列出搜索结果。

图 2-16 "搜索助理"对话框

Windows 7 的查找功能还可以利用时间信息、正文内容、文件类型、文件大小等文件属性信息进行辅助搜索，找到相关的文件。

8. 设置文件或文件夹的属性

无论是文件夹还是文件，都有属性，这些属性包括文件的类型、位置、大小、名称、创建时间、只读、隐藏、存档、系统属性等。

在要设置属性的文件夹或文件上右击，在弹出的快捷菜单中选择"属性"，将打开"属性"对话框，如图 2-17、图 2-18 所示。

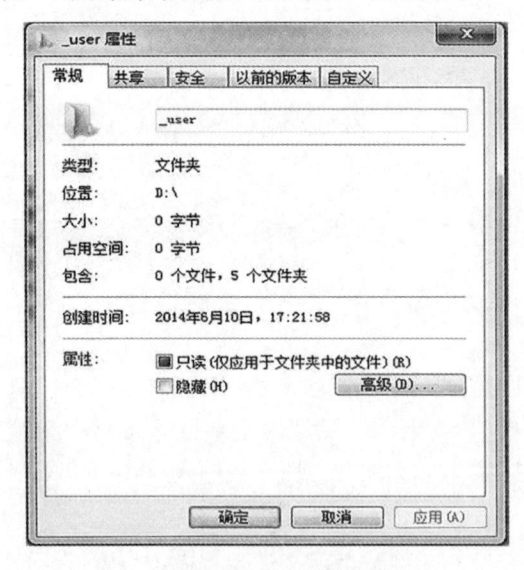

图 2-17 文件夹属性对话框　　　　图 2-18 文件属性对话框

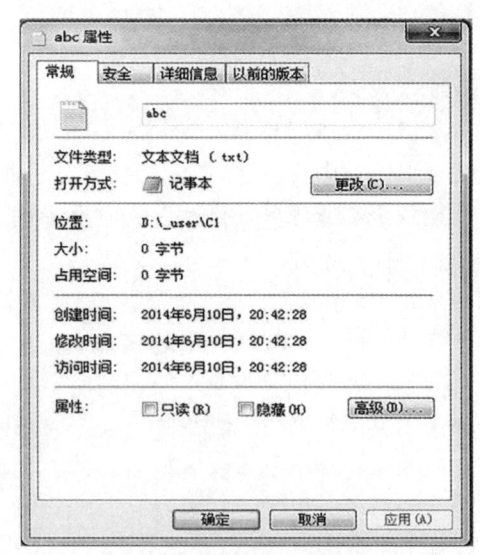

在文件或文件夹的"属性"对话框中的"常规"选项卡中,可以了解到文件或文件夹多方面的信息,包括类型、位置、大小、创建时间、可设置的属性等。

文件或文件夹都可以设置以下三种属性。

(1)只读:在删除和重命名文件或文件夹时,给出特殊的提示,设置此属性后通常不易被误删。

(2)隐藏:将文件或文件夹隐藏起来。设置此属性后,在操作系统默认的设置中,该文件或文件夹不显示在"计算机"或"资源管理器"中。

(3)存档:一些应用程序用此选项来控制哪些文件或文件夹应该备份。

在文件夹的"共享"选项卡中,用户可以决定是否将该文件夹设置为共享,文件夹设置了共享属性后,当该计算机与某个网络连接后,要该网络中的其他计算机可以通过"网上邻居"来查看或使用该共享文件夹中的文件。

在文件夹的"自定义"选项卡中,用户可以对文件夹的图标、文件夹缩略图的图片等信息进行设置。

四、快捷方式的创建与删除

1. 快捷方式的创建

快捷方式提供了对常用程序和文档的访问路径。快捷方式实际上是与它对应的对象建立了链接关系,当用户双击快捷方式后,就会打开对应的对象,如运行程序、打开文件夹或打开文档等。快捷方式的扩展名为 .lnk。一般的快捷方式的左下角有一个黑色小箭头。

用户可以为系统中的任何对象创建快捷方式,如文件夹、磁盘、各种应用程序、各种文档等计算机资源。快捷方式往往创建在桌面上、"开始"菜单中,也可创建在任何文件夹中。

(1)在文件夹中创建快捷方式。

在"计算机"或"资源管理器"中找到要创建快捷方式的项目,如磁盘、文件夹、文档、应用程序、控制面板中的项目或打印机等;用鼠标右击该项目,在弹出的快捷菜单中选择"创建快捷方式"命令,就完成了快捷方式的创建。快捷方式创建后,用户可以将快捷图标复制或移动到任何文件夹中,也可以复制或移动到桌面上。

(2)在桌面上创建快捷方式。

在桌面上创建快捷方式的方法通常有以下几种。

方法一:利用上面介绍的方法创建快捷方式,然后将其复制到桌面上。

方法二:用鼠标右击要创建快捷方式的项目,在快捷菜单中选择"发送到"的子菜单"桌面快捷方式"命令,如图 2-19 所示。

方法三：可以将"开始"菜单中的某个快捷方式（如 Internet Explorer），复制到桌面上。方法是用鼠标右键将项目拖动到桌面空白处，松开鼠标即可。

以上方法建立的快捷方式，系统使用缺省的文件名，可以根据需要对快捷方式进行"重命名"的操作。

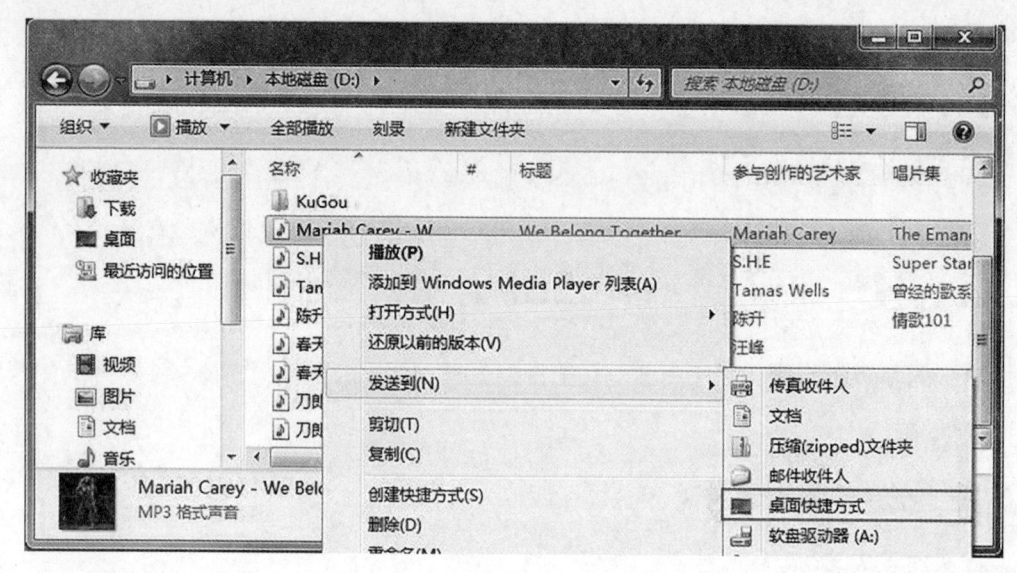

图 2-19 在桌面上创建快捷方式

2. 快捷方式的删除

快捷方式并不改变它所链接对象的位置，删除快捷方式并不会删除它所指向的对象。例如，删除刚刚创建的 Internet Explorer 的快捷方式，浏览器应用程序依然存在，可以在对象本身的位置上启动该应用程序；但是如果删除了某应用程序，其快捷方式就失去了功能。

快捷方式是一种文件，因此删除快捷方式可以用删除文件的方法进行删除。注意，桌面上的一些快捷方式不能删除，如"计算机""网络""回收站"等。

五、项目案例

（1）在"我的文档"中创建"娱乐""资料"和"游戏"三个文件夹。

启动资源管理器，依次选择"开始"/"所有程序"/"附件"/"Windows 资源管理器"命令，选中左窗格"文档"/"我的文档"，在右窗格中右击鼠标，选择"新建"命令创建文件夹，分别命名文件夹为"娱乐""资料"和"游戏"。

（2）将"娱乐"文件夹复制到 U 盘中。

将 U 盘插入到计算机的 USB 接口中，双击"我的文档"，在"娱乐"文件夹上右击鼠标，在弹出的快捷菜单中选择"复制"，双击"计算机"的 U 盘盘符，打开 U 盘，在空白位置上右击鼠标选择"粘贴"命令，即可将"娱乐"文件夹复制到 U 盘中。

（3）在"我的文档"范围查找所有名为"游戏"的文件夹，将其属性设置为"只读、隐藏"。

打开"我的文档",在"搜索"栏中输入"游戏",然后敲一下"Enter"键,在窗格中将显示搜索结果,选中搜索到的"游戏"文件夹,右击鼠标,弹出快捷菜单,选择"属性"命令,在"常规"标签中勾选"只读、隐藏"属性,然后单击"确定"按钮。

(4)在C盘范围查找"资料"文件夹,并在桌面上创建一个名为"资料"的快捷方式。

双击桌面的"计算机"图标,在打开的窗口右上角的"搜索"栏中输入"资料",按"Enter"键,稍后在窗口中就会显示"资料"所在的位置,在"资料"文件夹上点右键,在出现的快捷菜单中选择"发送到"的子菜单"桌面快捷方式",即完成在桌面上创建名为"资料"的快捷方式。

(5)打开"附件"菜单中的"运行"窗口,将此活动窗口抓图到"画图"程序中,以"DOS.bmp"为文件名,保存到"我的文档"中。

单击"开始"按钮,依次选择"所有程序"/"附件"/"运行",按下键盘中的"Alt+Print screen"组合键,单击"开始"按钮,依次选择"所有程序"/"附件"/"画图"工具,打开"画图"程序窗口,按下键盘中的"Ctrl+V"组合键,将剪贴板中的内容粘贴到画图窗口中,单击"画图"窗口右上角的" ▬▾ "图标,在下拉菜单中选择"保存",在"保存为"窗口的"文件名"窗格中输入文件名为"DOS",保存类型为"24位位图",保存位置为"我的文档",单击"保存"按钮。

第三节　系统的个性化

一、控制面板的启动

打开"控制面板":单击"开始",然后单击"控制面板"。

控制面板中共有八项内容,分别是"系统和安全""网络和Internet""硬件和声音""程序""用户账户和家庭安全""外观和个性化""时钟、语言和区域"及"轻松访问"。在每一个分项中又有多项内容可供用户进行设置和管理。

二、显示器设置

进行桌面显示器设置,可以在"控制面板"的"外观和个性化"中双击"外观和个性化"的图标,然后再双击"显示"图标,如图2-20所示。

也可以在桌面空白处,单击鼠标右键,在弹出的快捷菜单中选择"屏幕分辨率""小工具""个性化"选项进行设置。

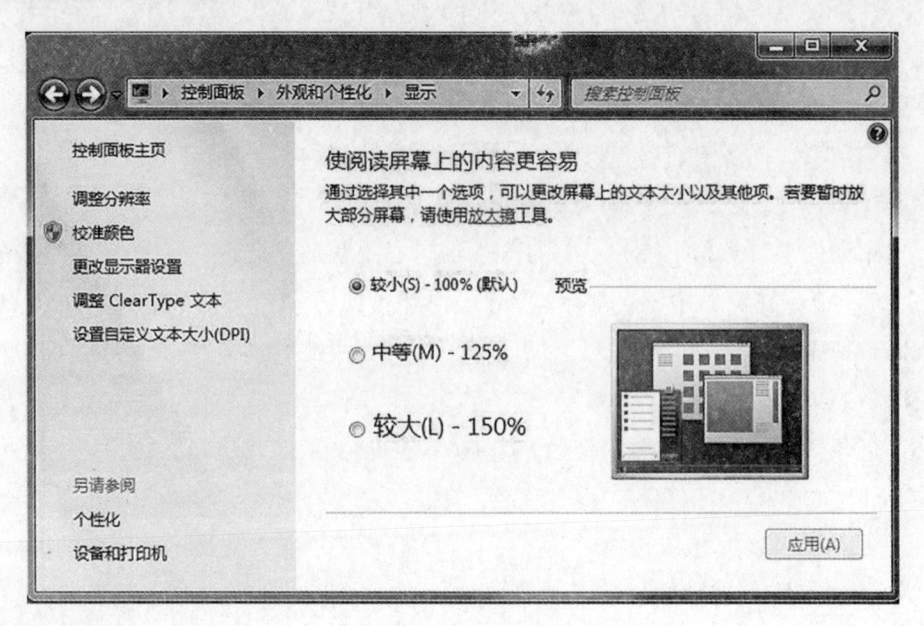

图 2-20　显示属性

1. 桌面主题

Windows 7 为用户提供了一系列桌面主题，每一主题包含了不同的桌面背景、快捷图标样式、鼠标形状等设置。要使用桌面主题，可以在图 2-20 中单击窗口左下角的"个性化"。在弹出的"个性化"窗口中选择一种自己喜欢的主题即可。

2. 屏幕保护

当用户在一段时间内不使用计算机时，Windows 7 可以启动屏幕保护程序，以动态的画面显示于屏幕，这样可以减少屏幕的损耗，延长计算机显示器的使用寿命。设置屏幕保护的操作方法如下。

在设置桌面背景的"个性化"窗口中的左下角，单击"屏幕保护程序"，在弹出的"屏幕保护程序设置"窗口中单击"屏幕保护程序"下的下拉三角，从中选择一种保护程序；然后，选择等待时间即可，最后单击确定。当计算机无人操作时间达到等待时间时，屏幕保护程序会自动启动。

3. 桌面外观

外观是指桌面、消息框、活动窗口和非活动窗口等的颜色、大小、字体等。在默认状态下，系统使用的是 Windows 标准的颜色、大小、字体等设置。用户也能根据自己的喜好对桌面以及窗口的外观进行设置，这种设置可以选用现成的方案，也可以自己来定义。

设置的方法是在桌面空白处右击鼠标，在出现的快捷菜单中，根据设置的项目自行选择即可。

三、设置鼠标和调整键盘

在使用计算机的过程中，几乎所有的操作都要用到鼠标，在安装 Windows 7 系统时已自动对鼠标进行过设置，但这种默认的设置可能并不符合用户个人的使用习惯，用户可以按个人的喜好对鼠标进行一些调整。

1. 打开"鼠标"属性对话框

打开"控制面板"窗口，双击"硬件和声音"图标，单击"鼠标"图标，打开"鼠标属性"对话框，如图 2-21 所示。

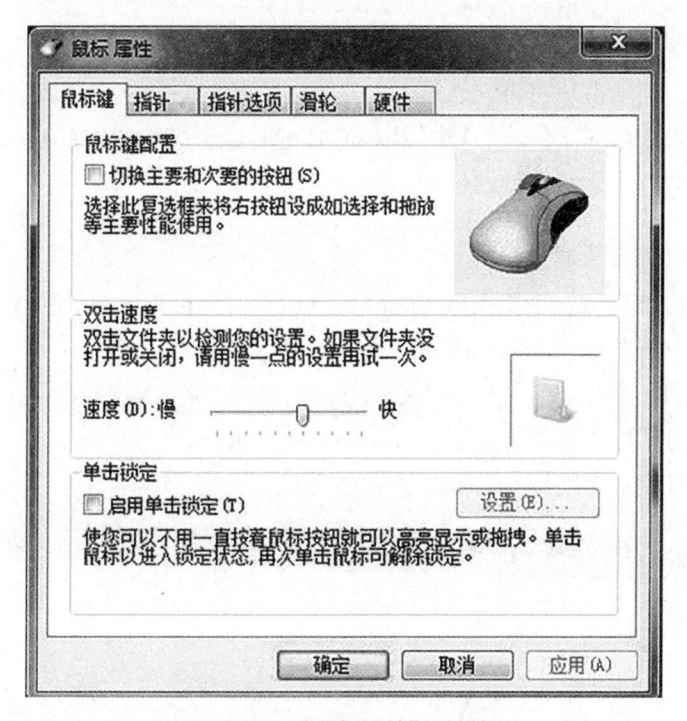

图 2-21　"鼠标属性"对话框

2. "鼠标键"选项卡

如图 2-21 所示，在"鼠标键配置"选项组中，系统默认左边的键为主要键，若选中"切换主要和次要的按钮"复选框，则设置右边的键为主要键。

在"双击速度"选项组中拖动滑块可调整鼠标的双击速度，双击旁边的文件夹可检验设置的速度。

在"单击锁定"选项组中，若选中"启用单击锁定"复选框，则在移动项目时不用一直按着鼠标键就可实现。选中这一复选框后单击"设置"按钮，在弹出的"单击锁定的设置"对话框中可调整实现单击锁定需要按鼠标键或轨迹球按钮的时间。

3. "指针"选项卡

"方案"下拉列表中提供了多种鼠标指针的显示方案，用户可以选择一种喜欢的鼠标指针方案进行设置。

在"自定义"列表框中显示了该方案中鼠标指针在各种状态下显示的样式,若用户对某种样式不满意,可通过"浏览"按钮,选择一种喜欢的鼠标指针样式,应用到所选鼠标。

如果希望鼠标指针带阴影,可选中"启用指针阴影"复选框。

4."指针选项"选项卡

"移动"选项组中可拖动滑块调整鼠标指针的移动速度。

"取默认按钮"选项组中,选中"自动将指针移动到对话框中的默认按钮"复选框,则在打开对话框时,鼠标指针会自动放在默认按钮上。

"可见性"选项组中,若选中"显示指针轨迹"复选框,则在移动鼠标指针时会显示指针的移动轨迹,拖动滑块可调整轨迹的长短,若选中"在打字时隐藏指针"复选框,则在输入文字时将隐藏鼠标指针,若选中"当按 Ctrl 键时显示指针的位置"复选框,则按"Ctrl"键时会以同心圆的方式显示指针的位置。

四、设置系统日期和时间

在任务栏的右端显示有系统提供的时间和日期,将鼠标指向时间栏稍有停顿即会显示系统日期。若用户需要更改日期和时间,可执行以下步骤。

(1)双击时间栏,或者在"控制面板"中,双击"时钟、语言和区域"图标,打开"日期和时间属性"对话框,再单击"更改日期和时间"按钮。

(2)选择"日期和时间设置",如图 2-22 所示。

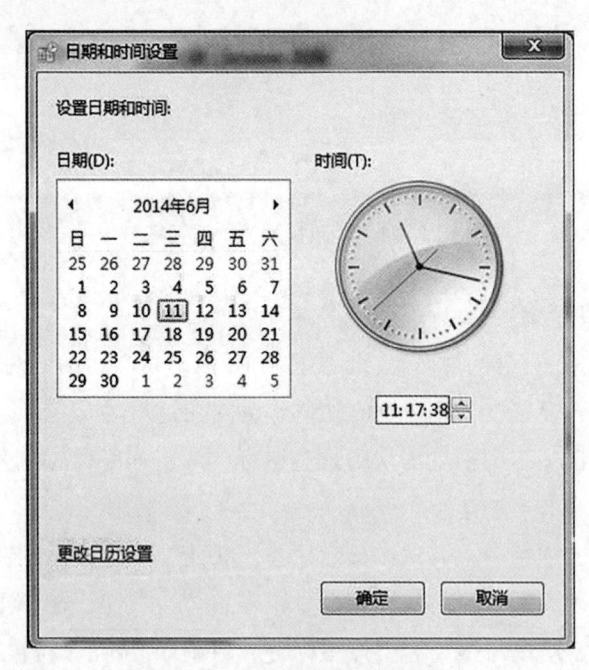

图 2-22 "日期和时间设置"

在"日期"栏中单击中间显示的年月进行调整。在"时间"框中进行时间更改。最后单击"确定"按钮。

五、添加和删除程序

在使用计算机的过程中，经常需要安装、更新和删除一些应用程序。"控制面板"中的"程序和功能"可以帮助用户管理计算机上的各种程序。

双击"控制面板"中"程序"图标，打开"程序"窗口，在"程序和功能"中有"卸载程序""打开或关闭 Windows 功能"等选项，用户可以根据自己的需要进行选择。"控制面板"窗口如图 2-23 所示。

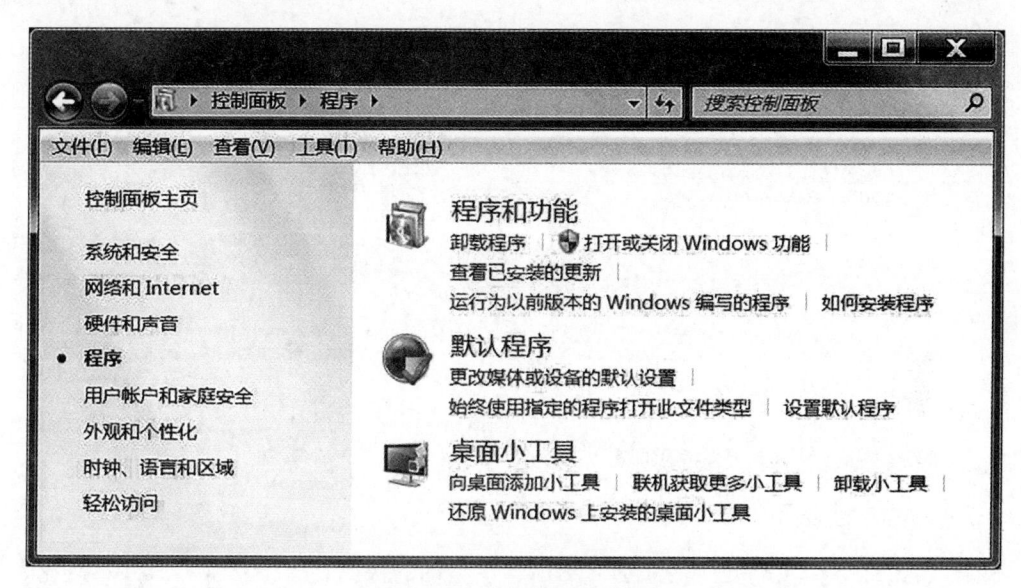

图 2-23 "控制面板"窗口

六、输入法和字体管理

Windows 7 系统中，用户经常会用各种软件进行文字处理，其中最重要的就是中文输入。在系统安装时，通常默认只安装了"微软拼音"输入法，如果用户需要其他输入法，如五笔输入法，就需要添加输入法或者另行安装。

1. 安装中文输入法

中文输入法的安装比较简单，只要在安装目录中找到输入法的安装程序（Setup.exe），双击该安装程序，按提示进行安装即可。

2. 添加和删除中文输入法

若用户需要使用自己熟悉的输入法时，可以添加输入法，然后再选择该输入法进行使用。当系统中输入法过多时，可将不常使用的删除。

（1）添加输入法。

打开"控制面板"窗口，单击"时钟、语言和区域"图标，再单击"更改键盘或其他输入法"，打开"区域和语言"窗口，单击"更改键盘"图标，弹出"文本服务和输入语言"

窗口如图2-24所示,单击"添加"按钮,将右侧的滚动滑块向下拖动,找到"中文(简体,中国)",就可以看到系统内置的几种输入法了,勾选你要添加的输入法,单击"确定"即可,如图2-25所示。

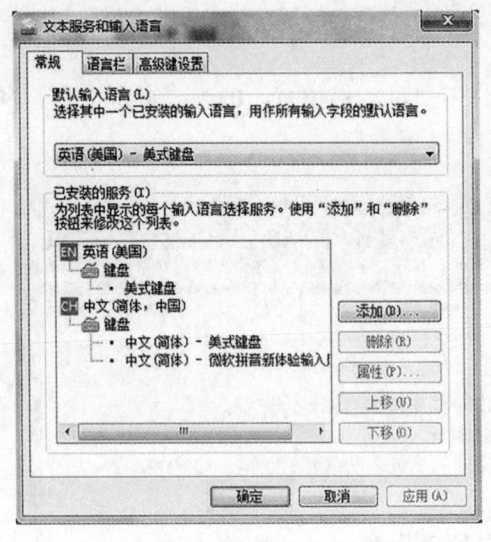

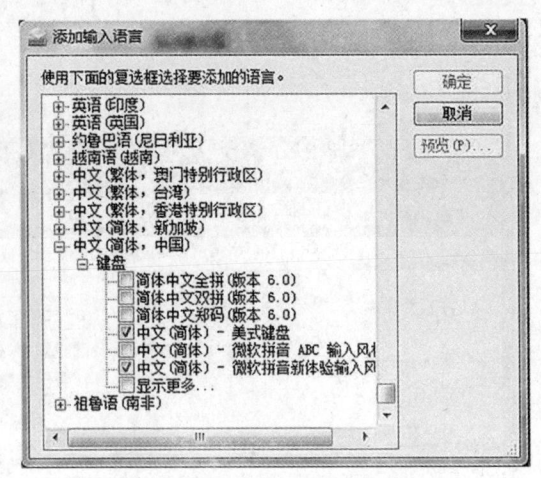

图 2-24　输入法设置　　　　　　　图 2-25　"添加输入语言"对话框

（2）删除输入法。输入法的删除与输入法添加操作正好相反。

3. 输入法属性设置

鼠标右击任务栏左侧的"输入法"图标,在出现的快捷菜单中单击"属性"按钮,可以打开"文本服务和输入语言"窗口,选择一种要设置的输入法,单击右侧的属性即可进行设置。

4. 输入法的选中与切换

在Windows7环境下,可以使用鼠标或键盘自由切换已安装的各种中文输入法,具体操作步骤如下。

（1）鼠标法。单击任务栏右侧的输入法图标"CH",将显示输入法菜单如图2-26所示,菜单名称左侧有标注的输入法是当前正在使用的输入法。在输入法菜单中,用鼠标单击选用的输入法图标,如单击"简体中文全拼（版本6.0）"任务栏指示区显示该输入法的图标,并显示该输入法工具条,如图2-27所示。

（2）键盘切换法。

①按下键盘"Ctrl+Shift"组合键切换输入法。每按一次"Ctrl+Shift"键系统就会按照一定的顺序切换到下一种输入法,并在屏幕上和任务栏上改换成相应输入法的工具条和图标。

②按"Ctrl+Space"可完成中英文输入方式的切换。

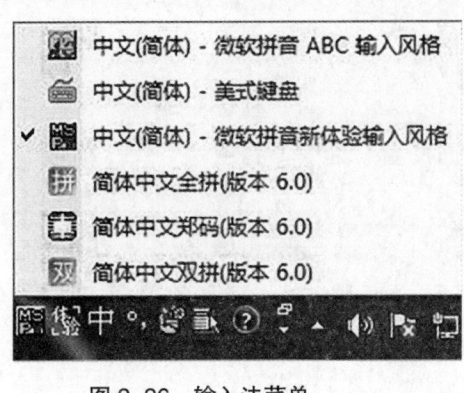

图 2-26　输入法菜单　　　　　　　图 2-27　"简体中文全拼"工具条

5. 添加字体

在 Windows 7 系统安装盘（常见在 C 盘）上有一个"WINDOWS\Fonts"文件夹内存放着系统可以使用的各种字体文件，一般添加或删除字体都要通过打开该文件夹进行，添加 / 删除字体只需要把字体文件复制到该文件中就可以了。

七、"附件"应用程序

Windows 7 的"附件"是系统附带的一套功能强大的实用工具，主要包含了"记事本""画图""计算器"等工具，依次选择"开始"按钮 /"程序"/"附件"，单击程序名启动"附件"中的应用程序。

1. 记事本

"记事本"是一个简单的文本编辑器，使用起来方便、灵活。依次选择"开始"/"程序"/"附件"/"记事本"，启动程序后会自动创建一个空文档，名称为"无标题 – 记事本"，光标定位在文档的开始。在文件编辑过程中，可以选中文本，进行剪切、复制、粘贴等操作。选择"格式"/"自动换行"命令，在输入文字过程中按当前窗口的宽度进行自动换行，文本文件的扩展名为 .txt。

2. 画图

"画图"程序是 Windows 7 的附件中功能较完善的位图编辑程序，使用它可以方便的绘制点、线、圆等基本图形，并以 .bmp、.gif 或 .jpg 等格式进行保存，还可以对复杂图形进行处理。

依次选择"开始"/"程序"/"附件"/"画图"，打开"画图"窗口，如图 2-28 所示。

在"画图"中"绘图"工具箱提供了许多绘图工具，如图 2-29 所示。绘图工具的选用方法是用鼠标单击"绘图"工具箱中的绘图工具按钮后，可在绘图区中绘制图形。

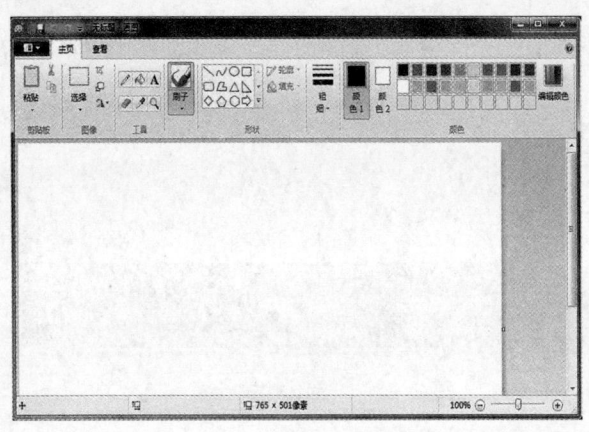

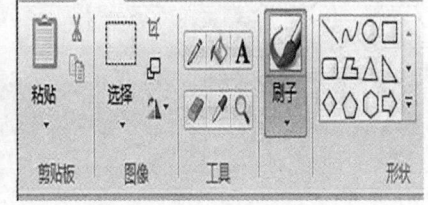

图 2-28　"画图"窗口　　　　　　　图 2-29　画图工具箱

3. 计算器

依次选择"开始"/"程序"/"附件"/"计算器"，可以打开"计算器"程序，计算器有两种类型：标准计算器和科学计算器，如图 2-30、图 2-31 所示。可选择"查看"菜单中的"标准型"或"科学型"进行选择。

图 2-30　标准计算器　　　　　　　图 2-31　科学计算器

标准型计算器按输入顺序计算，科学计算器按运算顺序计算。科学型计算器可进行二进制、八进制、十进制、十六进制间的转换等操作。

在"计算器"中完成一次运算后，就可将结果复制到剪贴板上，用该窗口"编辑"下拉菜单中的"复制"命令或按"Ctrl+C"快捷键，然后在另一应用程序或文档中使用这一结果。

八、项目案例

1. 设置桌面属性

要求桌面墙纸设置为"Aero 主题"中的"中国"墙纸。

要求设置屏幕保护程序为"变幻线",等待时间为 10min。

桌面空白处右击鼠标,从弹出的快捷菜单中选择"个性化",在弹出的窗口中单击"Aero 主题"中的"中国"即可。

接上一步,选择窗口左下角"屏幕保护程序"按钮,在"屏幕保护程序"下拉列表框中选择"变幻线"将等待时间设置为 10min,单击"确定"按钮即可。

2. 更改鼠标左右手设置

打开"控制面板"窗口,双击"硬件和声音"图标,单击"鼠标"图标,打开"鼠标属性"对话框,在"鼠标键"选项卡中勾选"鼠标键配置",这样就可以将原来的默认左手切换为右手了。

3. 添加全拼输入法

打开"控制面板"窗口,单击"时钟、语言和区域"图标,再单击"更改键盘或其他输入法",打开"区域和语言主"窗口,单击"更改键盘"图标,单击"添加"按钮,将左侧的滚动滑块向下拖动,找到"中文(简体,中国)",就可以看到系统内置的几种输入法了,勾选要添加的全拼输入法,单击"确定"即可。

第三章　文字处理软件 Word 2010

Word 2010 是微软（Microsoft）公司在 Word 2007 基础上推出的更加完善的新版本，它具有设计完善的用户界面、稳定安全的文件格式，以及无缝高效的沟通协作功能，其界面给人以赏心悦目的感觉。

第一节　认识 Word 2010

一、Word 的启动与退出

若要使用 Word 进行文本的编辑，必须先在 Windows 环境中启动 Word。

1. Word 的启动

启动 Word 应用程序的方法有许多种，常用的方法有以下几种。

（1）使用"开始"菜单启动。

单击 Windows "开始"按钮，在弹出的菜单中选择"所有程序"命令，然后单击程序级联菜单"Microsoft Office 2010"中的"Microsoft Office Word 2010"选项，如图 3-1 所示。

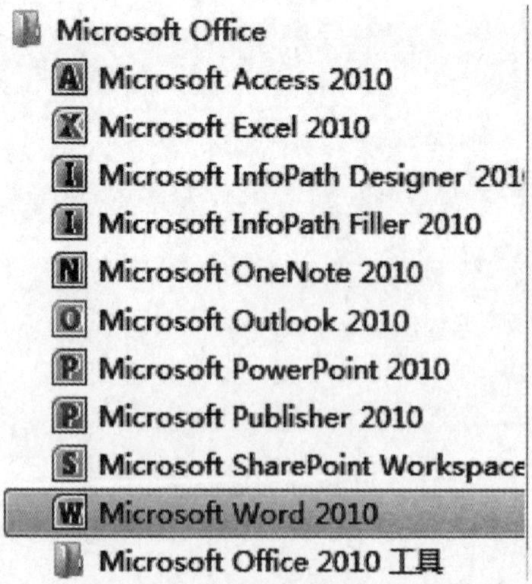

图 3-1　启动 Word

（2）通过快捷方式启动。

如果已经在桌面上建立了 Word 快捷方式，可直接双击"Microsoft Word"图标即可启动 Word 2010。如果没有，必须先在桌面上添加快捷方式，具体创建方式如下。

单击"开始"按钮，指向"程序"的下级子菜单"Microsoft Office Word 2010"后，用鼠标右键单击，弹出子菜单，选择"发送到"的下级子菜单"桌面快捷方式"，即可建立 Word 的桌面快捷图标。

（3）通过在"资源管理器"中双击已经存在的 Word 文档，同样可以启动 Word，并打开该文档，在文档窗口中显示文档内容。

2. Word 的退出

当不需要在 Word 中继续编辑文档，或要关闭计算机时，必须退出"Microsoft Office Word 2010"。可使用下列方法之一退出。

（1）单击 Word 窗口中右上角的"关闭"按钮。
（2）单击"文件"按钮，选择"退出"命令。
（3）双击 Word 窗口中左上角的控制菜单。
（4）按"Alt+F4"组合键。
（5）单击 Word 标题栏左上角的"关闭"。

二、Word 窗口组成

启动 Word 2010 应用程序之后，Word 自动创建一个名为"文档1"的空文档，其窗口组成如图 3-2 所示，其界面主要包括快速访问栏、标题栏、"文件"按钮、选项卡、功能区、工作区、标尺、滚动条、视图控制栏和状态栏等部分。

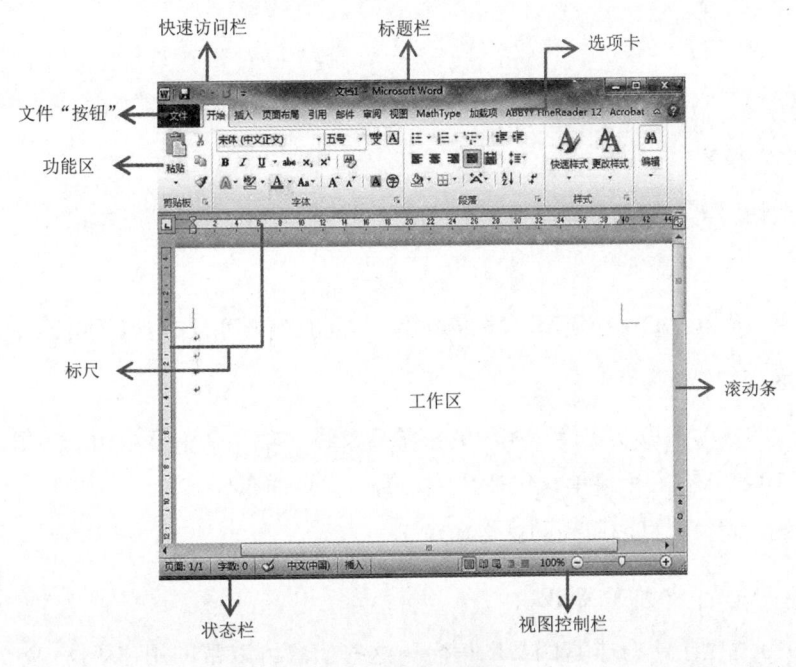

图 3-2　Word 窗口

1. 快速访问栏

该栏中集成了一些常用的功能按钮，默认状态下包括了"撤销""恢复""保存"等按钮。若要自定义快速访问栏，可以按照以下方法操作。

（1）单击快速访问栏右侧的自定义快速访问栏按钮"▼"，将弹出如图3-3所示的下拉列表。

（2）执行列表中的命令，使其前面出现"√"图标，即可在快速访问栏显示该图标，反之则可以隐藏该图标。

（3）若执行"其他命令"命令，将调出如图3-4所示的对话框，在其中可以设置绝大部分Word中的命令。

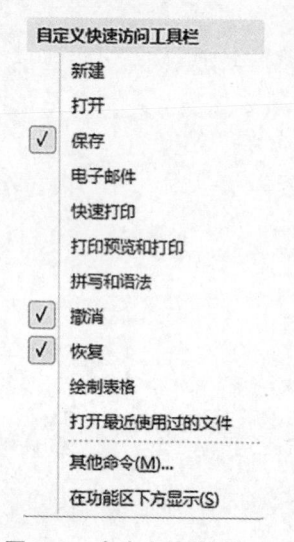

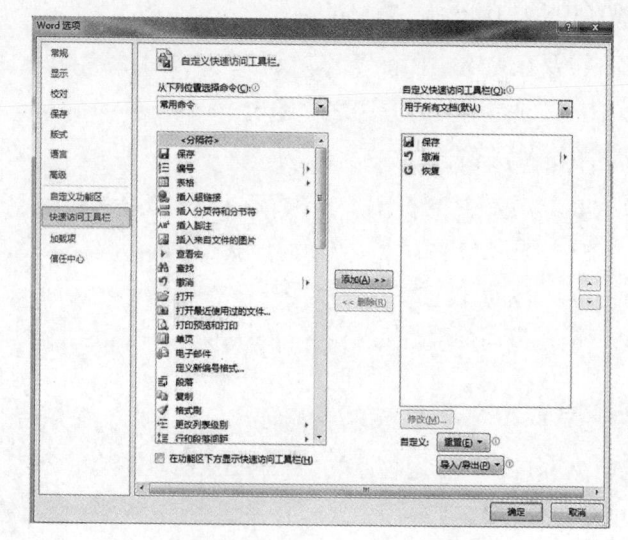

图3-3　自定义快速访问工具栏　　　　图3-4　Word选项

2. 标题栏

此处用于显示当前正在编辑的文档名称，以及当前的软件名称"Microsoft Word"。

3. "文件"按钮

单击此按钮，可以进行新建、保存、关闭、打开、打印等文档基本操作。

4. 菜单

单击不同的菜单，即可切换至不同的菜单，不同的菜单可以实现多种不同的功能。

5. 功能区

选择不同的选项卡以及切换至相应的菜单后，将在功能区中显示相应的组。

Word 2010默认有七个菜单，包括开始、插入、页面布局、引用、邮件、审阅和视图，相当于资料箱，储备了可以用到的操作命令。

三、在Word中获取帮助

Word 2010提供了十分丰富的帮助信息，这些信息可以帮助用户了解Word 2010中的各种命令和操作过程，而且可以随时使用，获取帮助的方法，一般可单击窗口右上角的帮助按钮或按"F1"键，弹出窗口如图3-5所示，在文本框中输入关键词（即要询问的问题），如"打印"，单击"搜索"按钮，就会显示出相关帮助信息，也可以利用帮助窗口提供的链接。

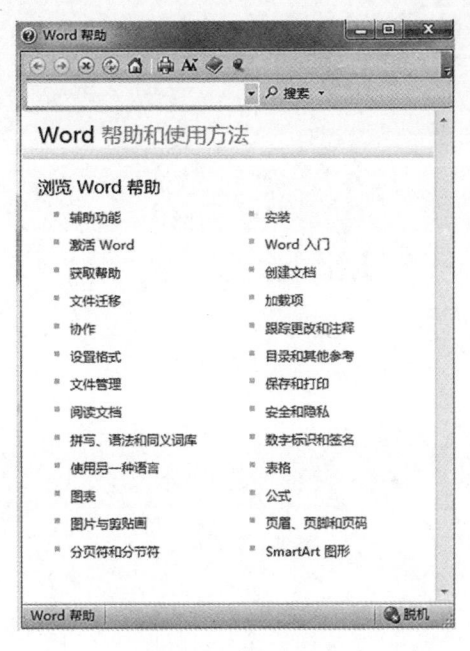

图 3-5　Word 帮助

第二节　编辑文本

一、创建文档，录入文本

使用 Word 进行文字处理的第一步就是要创建一个 Word 文档，并将原始文字内容录入到文档中，然后再根据需要进行内容编辑和格式设置。文本录入过程如下。

（1）启动 Word 应用程序。Word 自动创建一个新的空白文档，且默认文件名为"文档1"。

（2）在空白文档窗口的编辑区有一个闪烁的光标（插入点），指示文字录入的位置，随着文字录入，插入点自动向后移动，录入的文字被显示在屏幕上。

Word 有其自动约定的行宽，当用户输入文字到达右边界时，Word 会自动换行，到下一行继续输入，如果在到达右边界之前结束该行，可使用"Enter"键。

注意：录入过程中，可根据文本内容录入文字、字母、数字、标点符号及其他一些特殊符号，只有文本需要分段时才使用"Enter"键。

二、插入特殊符号

如果要插入一些特殊的标点符号或字符，如文本中的"❖"，可以按以下步骤进行。

（1）用鼠标单击文档中想插入符号的位置（定位插入点）。

（2）选择"插入"菜单"符号组"中的"符号"按钮，出现如图3-6所示的"符号"对话框。

图3-6　符号选择

（3）在符号对话框显示了可供选择的符号，用鼠标单击所需的符号，再单击"插入"按钮即可在插入点插入该符号。

（4）插入符号后，对话框中的原"取消"按钮变成"关闭"按钮，单击"关闭"按钮关闭对话框。

三、移动光标

编辑文档时，常常需要移动插入点，在文档中移动的方法很多，可以使用键盘，也可以使用鼠标。

1. 使用鼠标移动插入点

如果想在屏幕上移动插入点，只需把"I"形鼠标指针移到新的位置，然后单击鼠标左键，就可以在文本区中重新设置插入点。

如果文档很长，需要编辑的文本没有在屏幕上显示出来，可以利用垂直滚动条和水平滚动条来查看文档。用鼠标单击垂直滚动条两端的滚动箭头时，可以一次向上或向下移动一行；用鼠标在滚动条中的滚动框上方或下方的空白处单击时，可以一次向上或向下滚动一屏；用鼠标拖动滚动条时，可以快速移动。

同样如果想在水平方向上滚动文档，可以通过水平滚动条进行移动。

2. 使用键盘移动插入点

除了可以使用鼠标查看文档或重新设置插入点外，还可以使用键盘移动插入点。以下列出了一些常用的按键，利用这些按键可以快速移动插入点，见表 3-1。

表 3-1　键盘移动插入点

←或→	向左或向右移动一个字符
↑或↓	向上或向下移动一行
Ctrl+←	向左移动一个单词
Ctrl+→	向右移动一个单词
Ctrl+↑	向上移动一段
Ctrl+↓	向下移动一段
Home	移到行的开头
End	移到行的末尾
PageUp	向上移动一屏
PageDown	向下移动一屏
Ctrl+Home	移到文档开头
Ctrl+End	移到文档末尾

四、选择文本

Word 操作环境下进行操作的最大特点是先选择，后操作，即当需要对某部分文字进行操作时，要先选定该部分，而后进行各种编辑操作。

选择操作后，被选中的文本反白显示，根据所选文本的大小，常用以下方法进行选择。

1. 选择一个单词

在某一英文单词上快速双击，则该单词被选中。

2. 选择一个句子

按住"Ctrl"键，再单击句子中的任意位置。

3. 选择一行或多行文本

将鼠标移至该行最左边的选定栏中（文档窗口与文本之间的空白位置。当把鼠标指针移到选定栏中时，鼠标指针会变成向右的箭头），然后单击鼠标。如果要选择多行文本，可以在选定栏中单击并拖动。

4. 选择整个文档

用鼠标在选定栏中三击。

5. 选择任意数量的文本

把鼠标指针定位于要选择文本的开始处，按住鼠标左键进行拖动，直至所需的文本末尾，选中的文字变为反白显示。

6. 选择大范围的文本

先在选择块的起始处单击，按住"Shift"键，再单击选择块的末尾。

7. 选择一块竖文本

把鼠标指向要选择文本框的左上角，按住"Alt"键的同时拖动鼠标向选择文本的右下角移动。

> 注意：放弃当前选中部分，可在选中部分之外单击鼠标。

五、修改文本

在录入文本过程中，难免会出现一些错误或遗漏，使用下面的各项编辑手段，可对当前文本中存在的错误进行修改。

1. 插入文字

Word 在插入状态下，用户可任意向文章中插入新内容，方法如下。

首先，将插入点移至需要插入新内容的地方，单击鼠标左键，将插入点定位；然后，录入新内容，此时插入点后的文字自动向后推移。

> 说明：当状态栏上的"改写"按钮为灰色时，为插入状态，双击该按钮，可使编辑状态在改写与插入之间转换。

2. 删除文字

在插入状态下，可用以下方法删除文字。

（1）使用工具栏中的"剪刀"工具或"编辑菜单"中的"剪切"命令。

先将需删除的内容选中，再选择"开始"菜单中"剪贴板"组的"复制"命令，然后单击"常用"工具栏中的"剪刀"按钮或"编辑菜单"中的"剪切"命令（"Ctrl+X"），被选中的内容就从屏幕上清除并暂存到"剪贴板"上。

（2）使用键盘进行删除操作。

删除文字可将插入点定位在要删除的内容后面，用"Backspace"键向前删除内容，或将插入点定位在要删除的内容前，用"Delete"键向后删除内容。

另外，用键盘删除的内容不保存在"粘贴板"中。

3. 恢复已删除的内容

使用上述方法删除的内容可被恢复，Word 的这一特点，为使用者带来了方便。单击窗口左上角的快速访问栏中的"撤销"按钮，单击一次可撤销刚刚进行的操作，如果要撤销最近执行的多个操作，可单击"撤销"按钮中的下拉箭头，查看最近执行的可撤销操作列表，单击要撤销的操作即可。

由此说明，利用此功能还可以清除误操作。

六、复制和移动文本

在文字录入过程中,对于重复的内容,可以利用 Word 复制命令,将重复部分复制下来,然后在需要的地方进行粘贴,以节省重复输入的时间。另外,还可以将文本从一个位置移到另一个位置,以重新组织文档。

1. 复制文本

(1)选取要复制的文本。

(2)选择"开始"菜单中"剪贴板"组的"复制"命令(或按"Ctrl+C"),此时,被选中的文本已被复制到"剪贴板"中。

(3)将插入点移到要粘贴文本的新位置。

(4)选择"开始"菜单中"剪贴板"组的"粘贴"命令(或按"Ctrl+V")。

如果需要将选取的内容多次复制,只需将光标移动到插入位置,进行"粘贴"操作即可。

2. 移动文本

(1)选取所要移动的文本。

(2)选择"开始"菜单中"剪贴板"组的"剪切"命令(或按"Ctrl+X"),此时,被选中的文本已从原位置处删除,并将它存放到"剪贴板"中。

(3)将插入点移到要粘贴文本的新位置。

(4)选择"开始"菜单中"剪贴板"组的"粘贴"命令(或按"Ctrl+V")即可。

▶▶ **相关知识提示**

Office 中提供的"剪贴板"是一块能够存放 24 个复制内容的内存区域,使用户可以复制多个内容,然后进行有选择的粘贴操作。例如,可以将多个不同的内容放到剪贴板中,然后在合适的位置有选择性地粘贴。

单击"剪贴板"组右下角的小按钮,就会在编辑窗口左边打开"剪贴板"任务窗格,"剪贴板"任务窗格显示了当前"剪贴板"中的内容。当在 Word 中执行"剪切"或"复制"操作时,相应的内容就会存放到"剪贴板"中,"剪贴板"总共能存放 24 个复制内容,右击某个项目,则会弹出一个选单,可以选择把该项粘贴到文档中或者从"剪贴板"中删除。

当"剪贴板"中的内容已经不再需要时,可以单击"剪贴板"任务窗格中的"全部清空"命令按钮,即可将"剪贴板"全部清空。

七、查找和替换文本

在一篇短文档中查找某些文本比较容易,但是想在一篇很长的文本中找出某些文本的准确位置是很困难的;如果要将整个文档中某些文本替换为新文本,光靠眼睛查找目标,再进行修改,难免会出现遗漏。Word 提供了查找和替换功能,使用户能迅速找出指定的文本、格式和样式等,然后用新的文本替换原文本。

1. 查找文本

（1）选择"开始"菜单中右侧的"编辑"组，单击"查找"按钮右侧的"高级查找"命令，打开"查找和替换"对话框，选中"查找"选项卡，如图3-7所示。

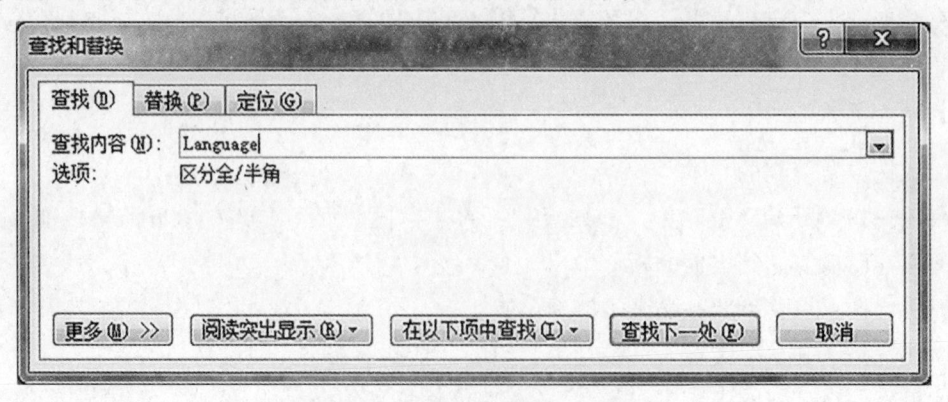

图3-7 "查找与替换"对话框

（2）在"查找内容"框中输入要查找的文本（如Language）。

（3）单击"查找下一个"按钮开始查找，找到后文档会将需查的内容反白显示。

（4）如果还想继续查找下一个相同的文本，可以再次单击"查找下一个"按钮，Word会逐一反白显示文档中出现该词的地方。单击"取消"按钮即可关闭"查找和替换"对话框，并且返回到当前被反白显示的地方。

2. 替换文本

利用Word的查找功能仅能找到某个文本的位置，而替换功能可以在找到某个文本之后，用新的文本进行取代。具体操作步骤如下。

（1）把插入点置于文档的开始处。

（2）选择"开始"菜单中右侧的"编辑"组中的"替换"选项卡，如图3-8所示。

（3）在"查找内容"文本框中输入要查找的文本，如输入"Language"。

（4）在"替换为"文本框中输入要替换的文字，如输入"语言"。

图3-8 "查找和替换"对话框——"替换"选项卡

（5）单击"查找下一处"按钮，当查找到指定的内容后，单击"替换"按钮，则进行替换，并且继续进行查找；若单击"全部替换"按钮，则不再显示每一处的查找位置，而是自动将所有找到的文本全部替换为修改后的文本。

（6）替换完毕后，Word 会显示一个消息框，表明已经完成文档的替换，单击"确定"按钮关闭消息框，再单击"关闭"按钮关闭"查找和替换"对话框。

另外，单击"高级"按钮后，其中常用参数的解释如下。

①搜索：在此下拉列表中可以选择"向下""向上"或"全部"选项，分别代表了搜索光标所在位置以下、以上的内容，或搜索文档所有内容。

②区分大小写：当查找英文文本时，选中此选项后，将检查文本的大小写状态。例如，查找的内容是"r"，选中此选项后，字母"R"就不会被找到。

③全字匹配：当查找英文文本时，选中此选项后，将只找到完全匹配的文本，而部分匹配的文本不会被找到。例如，查找"child"时，选中此选项后，"children"就不会被找到。

④使用通配符：选中此选项后，可以在"查找内容"文本框中输入如"*""[""]"等通配符进行高级查找；若未选中此选项，在"查找内容"文本框中输入"*"，会将其视为一个普通文本，将只查找文档中的"*"字符。

⑤区分全/半角：选中此选项时，可以区分查找全角的数字或字符。

⑥格式：单击此按钮，在弹出的菜单中可以选择要查找文本的格式，如文本的边框、段落、样式等。

⑦特殊字符：单击此按钮，在弹出的菜单中可以选择要查找的特殊字符，如分栏符、表达式、图形等。

八、拼写和语法检查

拼写检查可以在文档中搜索拼写错误；语法检查用于校对语法错误等。在所有 Office 程序中共用一个标准字典，当遇到字典中没有的单词时会提醒用户，用户可以忽略或修改它。

拼写和语法检查既可以在键入文本时自动进行，也可以在完成文档录入后进行。

单击"审阅"菜单中"校对"组中的"拼写和语法"命令，在弹出的对话框中，勾选"检查语法"可设置是否检查错误；单击"文件"中的"选项"命令可打开"校对"选项卡，"拼写和语法"选项卡和"校对"选项卡如图 3-9、图 3-10 所示。

图 3-9 "拼写和语法"对话框

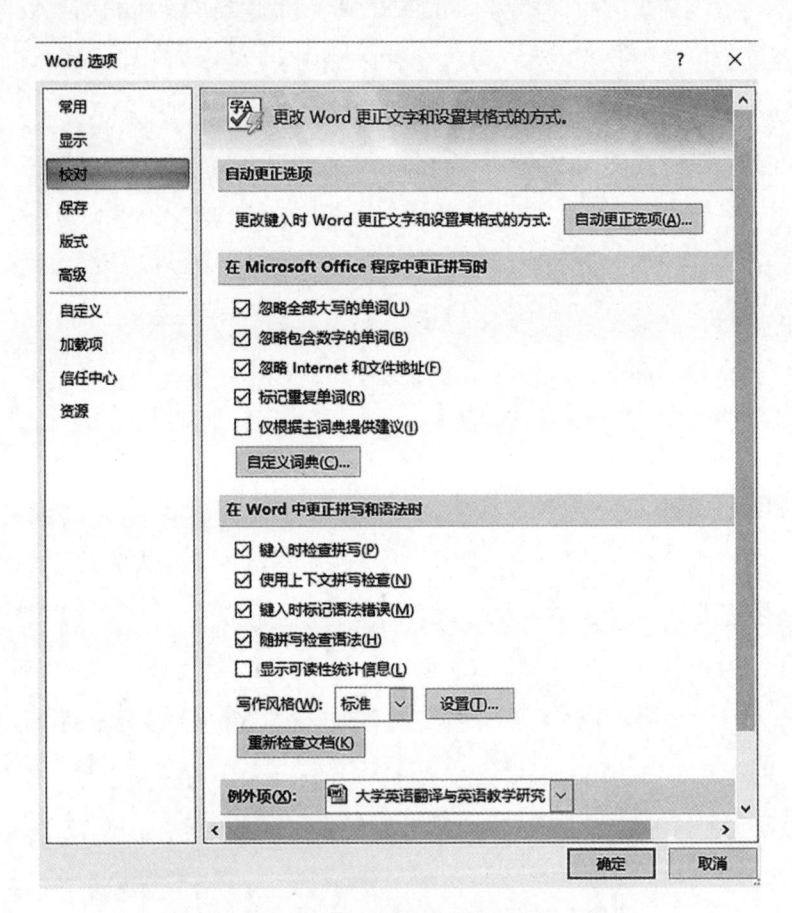

图 3-10 "选项"对话框之"校对"选项卡

用户如果知道该单词的正确拼写，则直接对该单词进行修改；如果不知道该单词的正确拼写，则在带下画波浪线的单词上单击鼠标右键，出现如图 3–11 所示的快捷菜单，在其上方列出了一些供选择的单词，下方有一些选项。

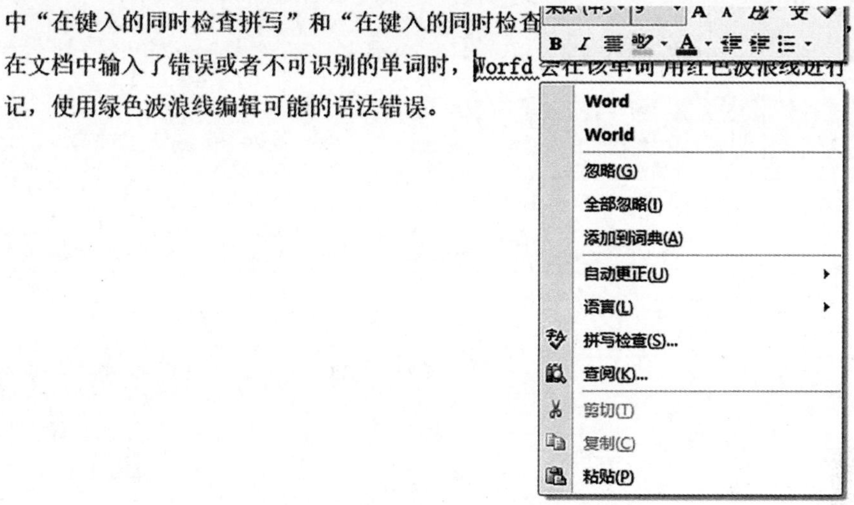
中“在键入的同时检查拼写”和“在键入的同时检查
在文档中输入了错误或者不可识别的单词时，Worfd
记，使用绿色波浪线编辑可能的语法错误。
Word
World
忽略(G)
全部忽略(I)
添加到词典(A)
自动更正(U)
语言(L)
拼写检查(S)...
查阅(K)...
剪切(T)
复制(C)
粘贴(P)

图 3–11　从快捷菜单中选择相应的选项

①“全部忽略”：忽略文档中所有该单词的拼写错误。

②“添加到词典”：将该单词添加到词典中。

③“自动更正”：将显示有关该自动更正词条的项。选择正确的单词，即可创建一个自动更正词条。

④“拼写检查”：显示拼写对话框，在该对话框中可以指定附加的拼写选项。

九、保存文本

为将录入的文字存储在磁盘上以备将来使用，必须对已录入的文档指定文件名，存入磁盘，存盘后，文件便被永久保留。

保存文档分为两种情况，一是保存新的文档，二是保存已有的文档。

1. 保存新的文档

新文档是指那些刚刚建立的、尚未命名的文档。在标题栏中，Word 用文档 1、文档 2 等作为新文档的暂用名，对其进行保存的具体步骤如下。

（1）单击快速访问栏中的“保存”按钮或选择“文件”按钮中的“保存”命令，打开如图 3–12 所示的“另存为”对话框。

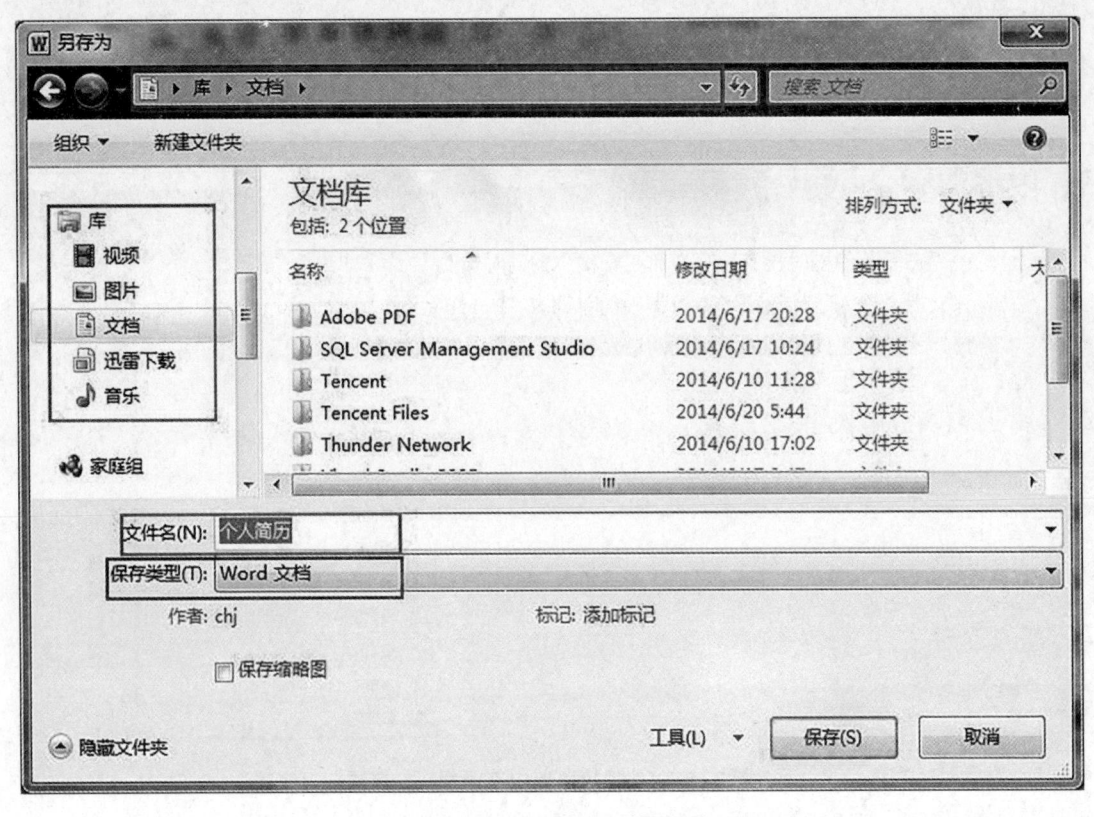

图 3-12 "另存为"对话框

（2）在"保存位置"文本框，指定文件存储位置，即文件夹。单击"保存位置"框右边的向下箭头，在其中查找选择磁盘和文件夹（如存储位置为 D:\user\work\ ）。

（3）在"文件名"框中，输入新文档的名字。

（4）单击"保存类型"框右边的向下箭头，选择合适的文档格式类型，"Word 文档"是默认的文档类型。

（5）单击"保存"按钮，Word 将新文档按给定的文件名和文件类型存放到指定的位置。

2. 保存已有文档

如果正在编辑的文档是一个已经存在的文档，那么编辑后可以直接单击快速访问栏上的"保存"按钮（或直接按快捷键"Ctrl+S"），这样就会按原有的名称、格式、位置存放文件。

说明：在对文本进行编辑的过程中，可随时按快捷键"Ctrl+S"保存对文本所进行的修改，以防文本内容的丢失。

3. 保存文档的副本

对已经存档的文件，如果需要保存文档的副本，则可以选择"文件"按钮菜单中的"另存为"命令（该命令表示将当前的活动文件以新文件名存盘），打开"另存为"对话框，按保存文件的方法，将当前文件定义新名，存入磁盘。

4. 设置自动保存文档

设置自动保存文档，可在文本编辑过程中让系统自动对文本进行保存。具体步骤如下。

（1）单击"文件"中的"选项"命令，在弹出的对话框中，单击对话框中的"保存"选项卡，如图 3-13 所示。

图 3-13 "保存"选项卡

（2）设置"自动恢复信息时间间隔"。

（3）单击"确定"按钮。

第三节　设置文本格式

一、打开文档

对于一个已经存在的文档，如果需要重新对其进行操作，则要先打开这个文档。可用以下方法之一对文档进行打开。

1. 打开最近使用的文档

在使用 Word 过程中，系统会记录下用户最近使用过的文档。在"文件"按钮菜单中"最近所有文件"命令就可以看到最近使用过的文件，要打开列表中的某个文件，只需用鼠标单击该文件名即可。

2. 使用快速访问工具的"打开文件"按钮或菜单命令

（1）单击工具栏中的"打开"按钮，或单击"文件"中的"打开"命令，打开"打开"对话框。如图 3-14 所示。

（2）在"文件夹"框中选择打开文件的存放位置。

（3）在文件名框列表中，双击选定的文件名，或单击文件名选定打开的文件，而后单击"打开"按钮。

（4）Word 自动关闭对话框，打开并在窗口中显示用户打开的文件。

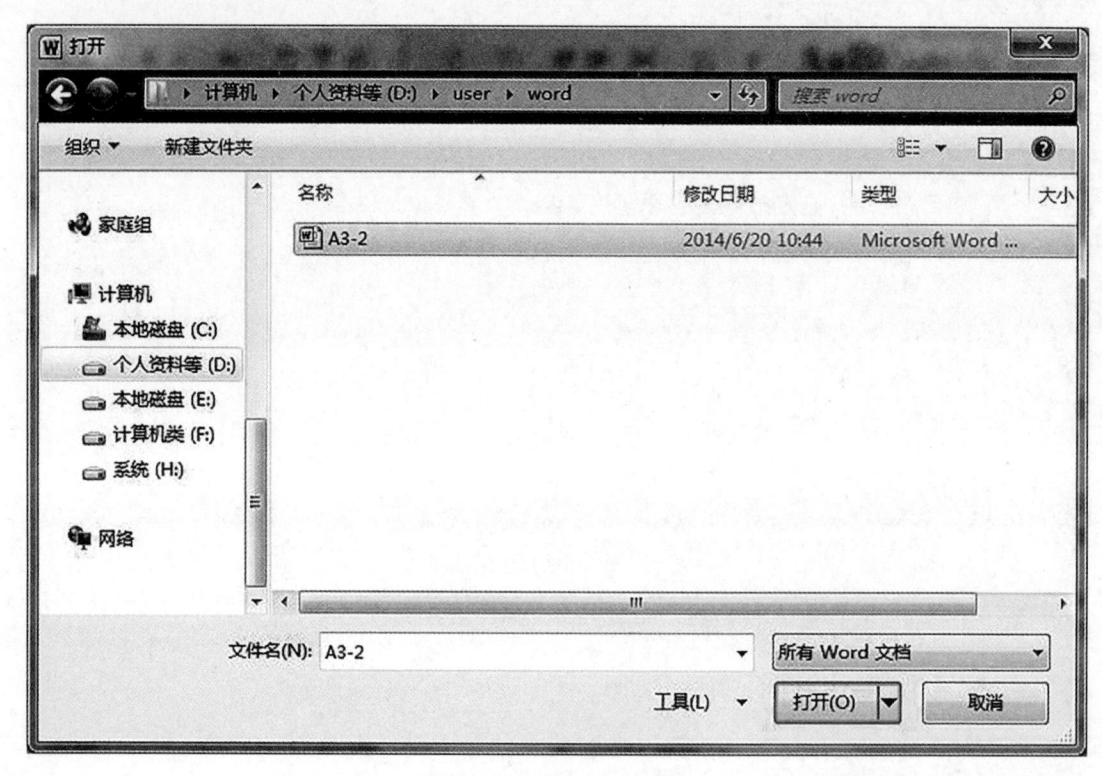

图 3-14 "打开"对话框

▶▶ 相关知识提示

Word 可以同时打开多个文件，每个文档都在独立的文档窗口中，工作中可以根据需要使用上面介绍的方法逐个打开每个文件，也可以一次将它们全部打开，具体步骤如下。

（1）从"文件"菜单中，选择"打开"命令。

（2）单击要打开的第一个文件名；如果还需要打开其他文件，先按下"Ctrl"键，然后单击要打开的其他文件名。如果选错文件，按下"Ctrl"键，然后单击该文件名取消这个选择。

（3）单击"打开"按钮。多个文件同时打开，可以在多个窗口中进行切换操作，但不管打开了多少文件，在某一时刻只有一个文件是活动文档。活动文档中含有插入点，用户执行的各项操作仅影响这个文档。因此，要处理一个打开的文档，首先必须使它成为活动文档。

二、设置字符格式

字符格式主要包括字符的大小、字体、颜色等，设定字符格式的方法主要有两种：一种是使用"字体"组；另一种是使用"字体"对话框。

1. 使用"字体"组，设置字符格式

使用"字体"组设置字符格式的操作步骤如下。

（1）选中需要设置字符格式的文本，在"字体"组中对其进行设置，"字体"组如图3-15所示。

（2）单击"字体"组中的"字体"列表框中的字体选项，可为选中文本设置字体格式。

（3）单击"字体"组中的"字号"列表框中的字号选项，可为选中文本设置字号格式。

（4）单击"字体"组中的"字体颜色"列表框中的颜色块，可为选中的文本添加颜色。

（5）单击"字体"组中的"粗体""斜体""下划线"按钮，可为选中文本添加对应的格式。

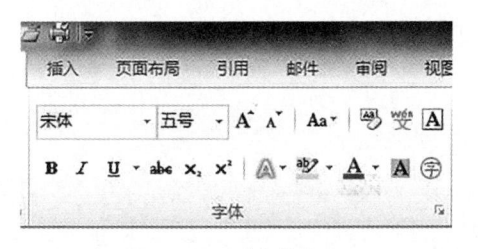

图3-15 "字体"组

2. 使用"字体"对话框，设置字符格式

使用"字体"对话框设置文本字符格式的操作步骤如下。

（1）选中需要设置格式的文本。

（2）单击"字体"组右下角箭头，打开如图3-16所示的"字体"对话框。

（3）在"中文字体"下拉列表框中设置中文字体样式。

（4）在"西文字体"下拉列表框中设置西文字体样式。

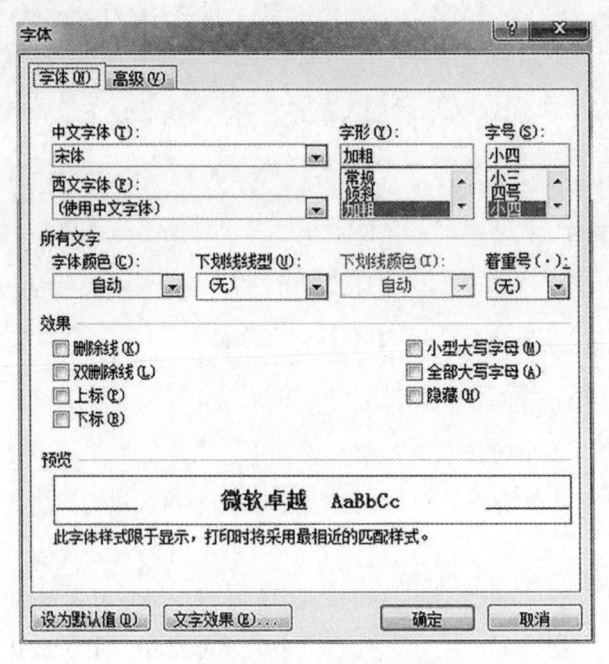

图 3-16 "字体"对话框

（5）在"字形"列表框中选择需要的字形。

（6）在"字号"列表框中选择所需的字号大小。

（7）在"字体颜色"下拉列表框中选择需要的文字颜色。

（8）在"下划线线型"下拉列表框中选择所需的下划线线型。

▶▶ 相关知识提示

在"字体"对话框中单击"高级"选项卡，如图 3-17。要加宽或紧缩选定文本的间距，单击"间距"列表框中的"加宽"或"紧缩"选项，并在"磅值"文本框中指定要调整的间距大小。

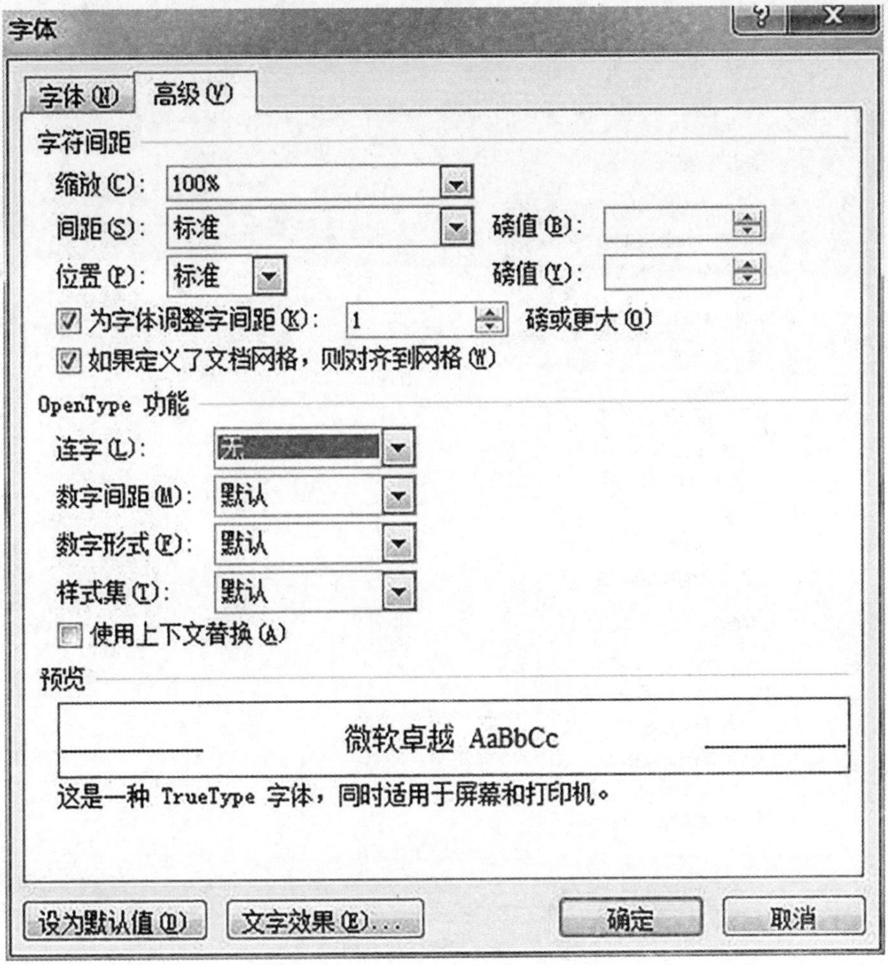

图 3-17 "高级"选项卡

三、设置段落格式

段落格式是文档段落的属性。在 Word 中一个回车符就是一个段落标记，段落标记不但标记了一个段落，而且记录了段落的格式信息。当按下"Enter"键时，便结束当前段落，而开始一个新段落，其默认段落格式与前一段相同。删除段落标记也就删除了段落的格式，段落标记还可以通过"文件"中的"显示"命令进行设置，如图 3-18 所示，选中或取消"段落标记"命令，从而对其进行显示或隐藏。

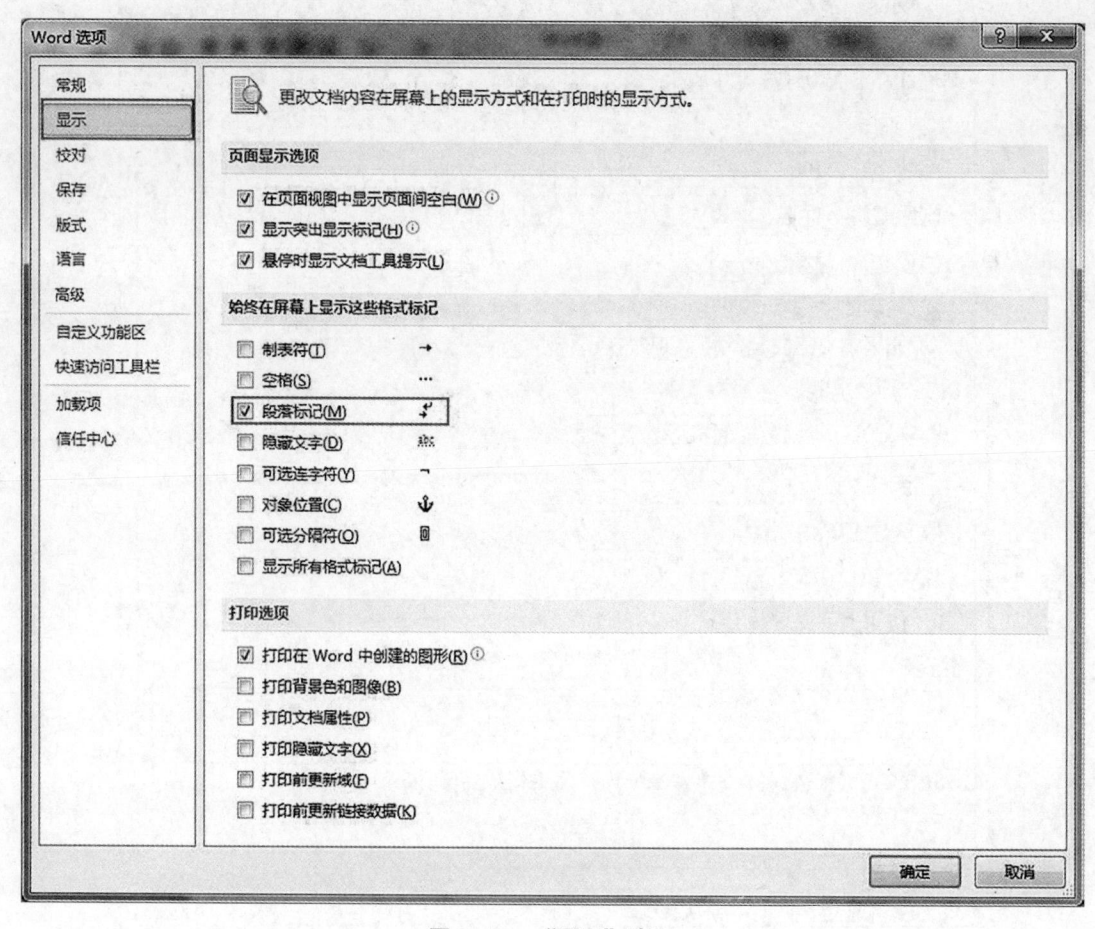

图 3-18 "显示"选项

段落的格式包括段落缩进、水平对齐方式、行距、首字下沉等，也可以为段落设置边框和底纹。

1. 段落缩进

Word 提供了四种段落缩进方式。

①左缩进：是指段落的左侧向里缩进一定距离。

②右缩进：是指段落的右侧向里缩进一定距离。

③首行缩进：将段落的首行向里缩进指定的距离，而保持段落中其余的各行不变。

④悬挂缩进：是指将除首行之外的其余各行缩进一段距离。

实现缩进的方法有下列几种。

（1）使用水平标尺。

在水平标尺上有以上四种缩进的标记，拖动缩进标记时会出现一条垂直的虚线，根据虚线移动的位置来确定各种缩进量。如果看不到水平标尺，则单击"视图"菜单中的"显示"区，选中"标尺"。

（2）使用"段落"对话框。

选定需要进行段落缩进设置的段落，单击"开始"菜单段落部分右下角的按钮，打开"段落"对话框，单击"缩进与间距"选项卡。

若要改变段落的左缩进量或右缩进量，要在"缩进"区域中的"左"或"右"文本框中设定缩进量。

在"特殊格式"列表框中，可进行"首行缩进"和"悬挂缩进"，缩进值可在"度量值"文本框中进行设定。

（3）使用"段落"组中的工具按钮设置。

选定要改变缩进量的段落，若要增加左缩进量，单击"增加缩进量"按钮；若要减少左缩进量，单击"减少缩进量"按钮。

单击一次"增加缩进量"按钮，Word增加的缩进量为一个制表位宽度。如果用户希望改变缩进量，可以先设置不同的制表位。

2. 水平对齐方式

①水平对齐方式决定段落在页面中的位置。水平对齐方式主要包括以下几种。

②两端对齐：将所选段落（除末行外）的左、右两边同时对齐。

③左对齐：将文本左边对齐，右边不一定对齐。

④居中：将文本居中。

⑤右对齐：将文本右对齐，左边不一定对齐。

分散对齐：通过添加空格，使所选段落的各行（包括末行）等宽。

水平对齐方式操作步骤如下。

（1）选定需要设置水平对齐的文本段落，根据需要单击"段落"组中的"两端对齐""居中""右对齐""分散对齐"等工具按钮。

（2）在段落对话框的"缩进和间距"选项卡中，单击"对齐方式"列表框中的下拉箭头，在其列表中也可以进行水平对齐方式的选择。

3. 行距

行距决定了段落中各行间的垂直间距，在默认情况下，各行间距为单倍行距。另外，还可以设定1.5倍行距、两倍行距、固定值、最小值、多倍行距等。如果某行中包含大字符、图形或公式，Word将自动增加行距，要使所有行距相同，则需要设定固定值行距。

单击段落中的任意处，使插入点位于要改变行距的段落之中，在"段落"对话框的"缩进和间距"选项卡中，在"间距"区域，单击"行距"列表框中的下拉箭头，在列表中根据需要进行选择。例如，要设定固定值，单击"固定值"选项，然后在"设定值"中直接设定固定的行距磅值。

4. 段落间距

段落间距决定了段落前后的空间，如果需要将某个段落与同一页中的其他段落分开，或者改变多个段落的间距，可以设置段落间距。

单击段落的任意处，在"段落"对话框的"缩进和间距"选项卡中，在"间距"区域的"段前"或"段后"文本框中输入所需的间距或利用加减器进行设置。

5. 首字下沉

在一些杂志和报刊上，常看到某些段落的第一个字被放大数倍，或悬挂在段落之外，或下沉于段落之中，这就是首字下沉格式。这种格式强调了段落的开始，使段落非常清楚。

设置首字下沉格式，先选定要进行设置的段落，单击"插入"菜单中"文本"组的"首字下沉"命令，打开"首字下沉"对话框，如图3-19所示。单击"下沉"或"悬挂"选项，选择下沉或悬挂的方式，设定"字体""下沉行数"和"距正文"选项的内容，单击"确定"按钮。

如果要取消首字下沉格式，在该对话框中选择"无"选项，单击"确定"按钮。

图 3-19 "首字下沉"对话框

四、设置边框和底纹

Word 可以为选定的文字或段落添加边框和底纹，以达到强调和突出的目的。其可以通过"格式工具栏"上的按钮或使用"格式"菜单来完成。具体操作如下。

1. 添加普通的字符边框和底纹

（1）选定要修饰的文本，单击"页面布局"选项卡上"页面背景"组中的"页面边框"按钮即可，选择"边框"，如图3-20所示。

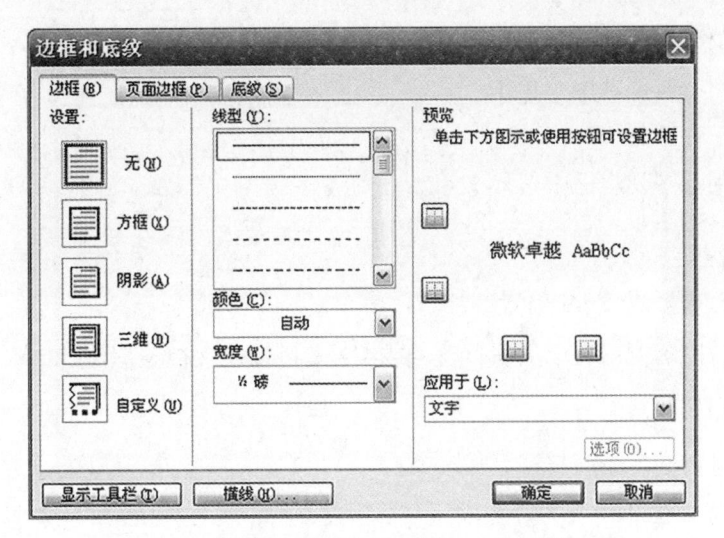

图 3-20 "边框和底纹"对话框——"边框"标签

（2）在"设置"区域选择一种方框的形式。

（3）在"线型""颜色""宽度"列表框中进行设置。

（4）在应用范围列表框中选择文字。

（5）单击"确定"。

2. 添加装饰性底纹

（1）选定要修饰的文本，单击"页面布局"选项卡上的"页面背景"中的"页面边框"按钮即可，选择"底纹"选项卡。如图 3-21 所示。

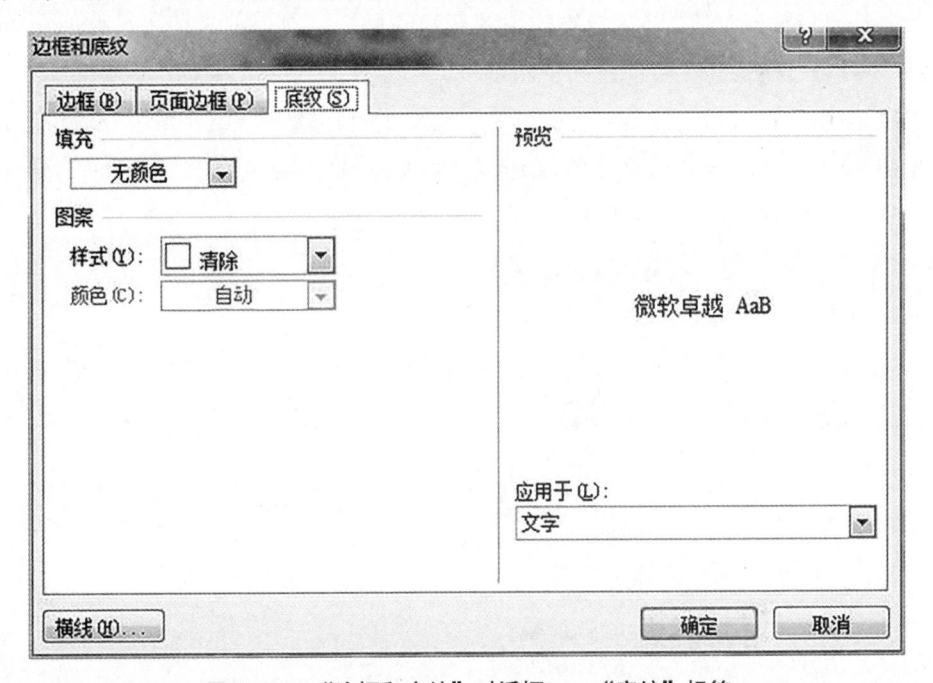

图 3-21 "边框和底纹"对话框——"底纹"标签

87

（2）在"填充"区域选择底纹填充的填充颜色。

（3）在"图案"区域中，单击"式样"下拉列表选择"底纹百分比"，再单击"颜色"下拉列表选择一种颜色。

（4）在应用范围列表框中选择文字。

（5）单击"确定"。

五、设置项目符号与编号

给文档中的段落或列表添加项目符号或编号，可以使文档条理清楚，易于阅读和理解。

1. 添加项目符号或编号

（1）输入时自动创建项目符号或编号。

输入文本时，在某一行的开头输入"1."或"*"，再按"Space"键或"Tab"键，然后输入文本内容。当按下"Enter"键另起一行时，Word 会自动接上一段的顺序插入下一个编号或项目符号。列表结束时，按两次"Enter"键，或按"Backspace"键删除列表中的最后一个编号或项目符号以结束该列表。

（2）添加项目符号或编号。

对已经存在的文本，若需要添加项目符号或编号，则要先选定要添加项目符号或编号的段落或列表，在"开始"选项卡的"段落"组中，单击"项目符号"按钮，可为其添加项目符号，单击"编号"按钮，可为其添加编号。

2. 自定义项目符号格式

在添加项目符号时，如果不希望使用默认的符号，可以根据需要进行修改。Word 提供了多种项目符号格式，也可以自己重新定义。

选定要使用项目符号的段落，在"开始"菜单的"段落"组中，单击"项目符号"按钮右侧的下拉列表，打开"项目符号和编号"对话框，选择所需项目符号样式，然后单击"确定"按钮，项目符号如图 3-22 所示。

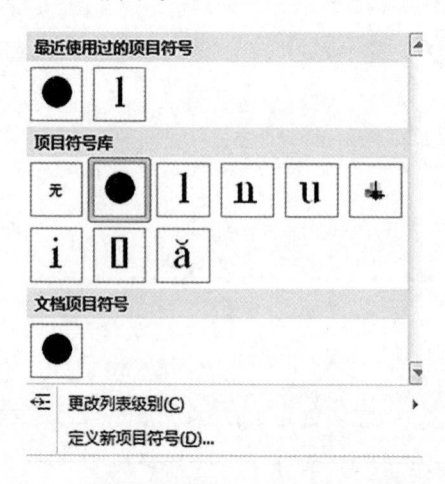

图 3-22 "项目符号和编号"对话框中的项目符号

如果对话框中没有需要的符号，可以定义其他项目符号，单击"定义项目符号"按钮，打开如图 3-23 所示的"定义新项目符号"对话框。在"项目符号字符"栏中选择所需的项目符号，或单击"符号"按钮，打开"符号"对话框进行选择；单击"字体"按钮，在"字体"对话框中设定项目符号的大小，单击"确定"按钮即可。

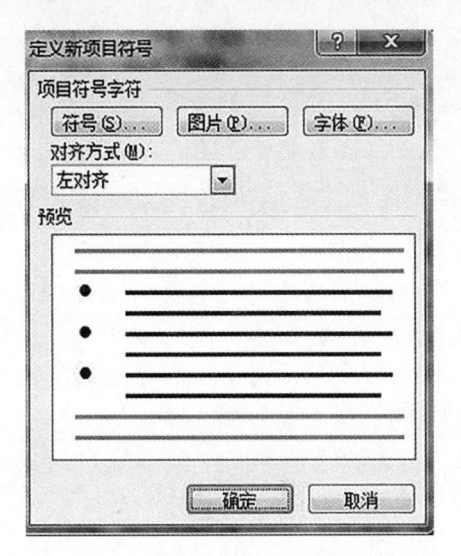

图 3-23 "定义新项目符号"对话框

3. 自定义编号格式

选定含有要使用编号的段落，在"开始"菜单中的"段落"组，单击"编号"按钮，打开如图 3-24 所示的对话框，选中所需的编号样式，然后单击"确定"按钮。

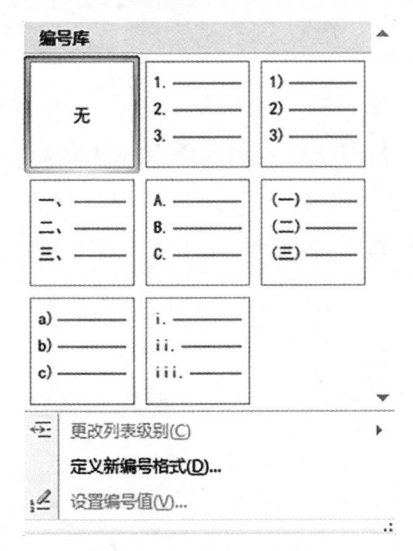

图 3-24 "项目符号和编号"对话框——"编号库"

如果列表中没有所需的编号样式，可单击"定义新编号格式"命令，定义所需的编号样式。

六、使用格式刷复制格式

对文档进行编辑时，往往有许多文字或段落的格式设置是相同的，如果对每一段都分别进行设置，就要做许多重复工作。利用常用工具栏中的"格式刷"按钮，可以对文本的格式进行复制。

先选中已经进行了格式设置的文本，单击"格式刷"按钮，这时指针变成格式刷的形状。将指针移到要进行格式复制的文本处，拖动鼠标选中需要复制的全部文本，松开鼠标左键，这一段文本的格式和选定文本就完全一样了。如果要进行多次复制，双击"格式刷"按钮，可进行多次操作，当不需要再进行复制时，单击"格式刷"按钮或按"Esc"键即可取消格式复制。

如果要进行段落格式的设置，只要将光标定位在已设定好格式的段落上，单击（或双击）"格式刷"按钮，然后在相应段落上单击，则使该段落的格式与所选段落格式相同。

七、样式与模板的使用

样式、模板及向导是 Word 提供的用于进行快速排版的工具。

1. 样式的使用

所谓样式就是为了方便文档的排版，而将字符的各种设置、段落的组合以及版面的布局等一切属于文档格式的种种设置，组合起来并给予命名，这种组合称为样式。例如，一本书中的每一章的标题都采用同样的字体、字号、字符间距及段落前后距离，此时则可以先将各种格式编排保存为样式，以后只需要把这个特殊的样式套用到其他标题，就可以将其他标题变为相同的格式。

Word 提供了一些标准样式，可用来格式化文档中的许多常用元素，如标题样式、正文样式等。用户也可以根据需要创建自己的样式。样式的具体使用方法是单击"开始"选项卡中的"更改样式"按钮，打开"样式集"任务窗格，选择相应的样式。

2. 模板的使用

模板与样式是很相似的。样式是针对字符、段落格式设置的，而模板是针对整篇文档的格式设置的。因此模板是文本、图形和格式编排的蓝图，它是一种比较特殊的文档类型，用户可以以它为模型来创建文档。

Word 还提供了很多模板，用于简化创建某些特殊类型的文档，如传真、个人简历、备忘录等。

如果想创建基于模板的新文档，可以按照下述步骤进行。

（1）单击"文件"按钮，在弹出的菜单中执行"新建"命令，在右侧选择"样本模板"选项，如图 3-25 所示。

图 3-25 "新建"命令

（2）选择一个要新建的模板类型，如"小册子"选项，弹出相应的对话框，如图 3-26 所示。

图 3-26 模板类型

第四节　设置文档页面格式

一、什么是节

在具体介绍各种页面布置方法之前，首先要解释一下"节"的概念。"节"的作用就是为了在一个文档中设置不同的页面格式，许多与页面有关的格式如分栏、竖排文本等都是以节为单位。一个长文档可以用分节符分成若干节，节设置的格式保存在分节符里。

1. 插入分节符

分节符是为了表示节的开始和结束而插入的标记，它显示为包含有"分节符"字样的双虚线。分节符存储了节的格式设置信息，如页边距、页眉和页脚以及页码的顺序，删除分节符也就等于取消了有关设置。

在文本中插入分节符的具体方法如下。

（1）将插入点移到要划分节的位置。

（2）选择"页面布局"选项卡中"页面设置"组中的"分隔符"命令，打开"分隔符"对话框，选择"分栏符"选项，如图 3-27 所示。

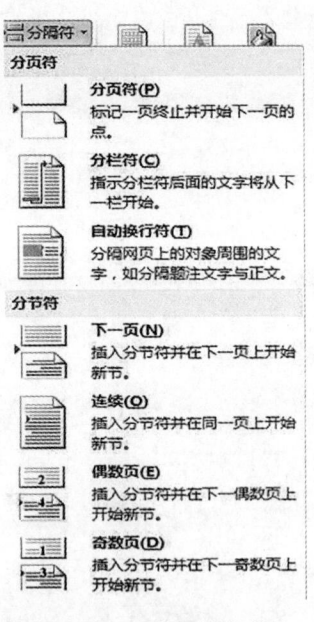

图 3-27　"分隔符"菜单

（3）在"分节符类型"区域有如下四个选项。

①下一页：表示新的一节放到下一页的开始。

②连续：表示在插入点处开始新的一节。

③偶数页：表示新的一节总是从下一个偶数页开始。

④奇数页：表示新的一节总是从下一个奇数页开始。

根据需要，选择其中的一种分节符类型。

（4）单击"确定"按钮。

两个分节符之间的文档部分为一节。

2. 删除分节符

如果要删除分节符，单击"视图"菜单，在"文档视图"组中单击"草稿"，将文档视图切换为草稿视图。选定分节符之后按"Delete"键，在删除的同时也取消了该分节符上的文本格式，该文本成为下一节的一部分，其格式也变成下一节的格式。

二、分页及页码设置

对于长文档，Word 具有自动分页的功能，但是也可以采取人工强制方式对文档进行分页。只要将插入点移到要分页的位置上，然后打开"分隔符"对话框，选择其中"分页符"即可。

页码能够表明文档的序列。如果想在每页中添加页码，Word 提供了一种非常简捷的方法。具体操作步骤如下。

（1）选择"插入"菜单中的"页眉和页脚"组中的"页码"命令，出现如图 3-28 所示的"页码"菜单。

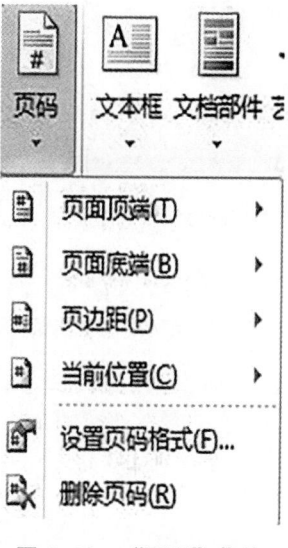

图 3-28　"页码"菜单

（2）设置页码出现的位置。

（3）如果要改变页码的格式，则单击"设置页码格式"按钮，打开"页码格式"对话框，可对页码的格式进行设置。

（4）单击"确定"按钮结束设置。

（5）如要删除页码，则选择"删除页码"或双击页码，打开"页眉和页脚"工具栏，单击"转至页眉"或"转至页脚"按钮，切换到包含页码的页眉或页脚上，选定某页的页码，按"Delete"键。

三、页面设置

用户可以根据自己的需要设置用来打印的纸张大小，即页的尺寸和页边空白，这两项设置结合在一起，可以控制打印页上的文本的大小。

1. 设置纸张大小、页边距

用户通过设置纸张大小，告诉 Word 准备打印的纸的大小。其操作过程如下。

（1）选择"页面布局"选项卡中"页面设置"组中的"纸张"选项卡在"纸张大小"选择预设的纸张大小，如纸张大小要自定义则选择"其他页大小"。"纸张"选项卡如图 3-29 所示对话框。

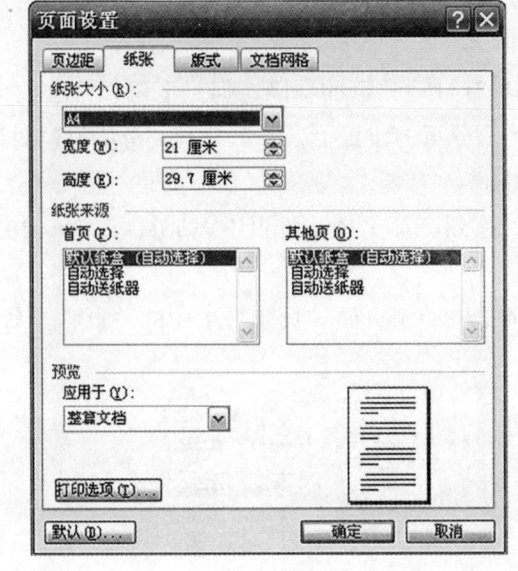

图 3-29　"页面设置"对话框之"纸张"选项卡

（2）单击"页面设置"组中"页边距"，设置相应纸张大小。

（3）在"应用于"框中选择设置适用的范围。

（4）单击"确定"按钮，关闭对话框，完成纸张大小的设置。

2. 指定页面字符数和行数

在 Word 中，用户可以指定页面的字符数和行数。具体操作方法是首先选择"页面布局"选项卡中的"页面设置"组中的"纸张"标签，在"纸张大小"选择"其他页面大小"；然后在"页面设置"对话框中，单击"文档网格"选项卡，选中其中的"指定行网格和字符网格"选项，则可在"每行中的字符数"和"每页中的行数"框中键入或选定所需数值；最后单击"确定"按钮。

3. 页眉、页脚的设置

页眉和页脚是指显示或打印在文档顶部和底部的文本或图形。在对文档进行编辑时，可以将页码、文档标题文件名或作者姓名等信息放在每一页的顶部或底部。在文档中可以自始至终用一个页眉或页脚，也可以在文档的部分用不同的页眉和页脚。

（1）创建页眉和页脚。

①单击"插入"选项卡中的"页眉和页脚"组中的"页眉"或"页脚"按钮，打开"页眉和页脚工具"工具栏，如图 3-30 所示。

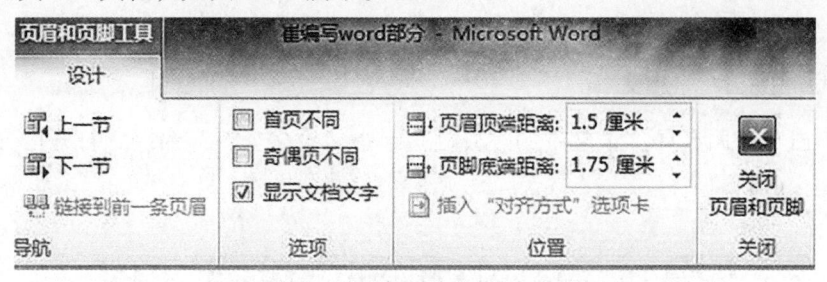

图 3-30 "页眉页脚工具"工具栏

②要创建一个页眉，可直接在页眉区中输入文字或插入图形，也可以利用"页眉和页脚工具"工具栏上的按钮插入某些特定的内容。

③要创建一个页脚，单击"转至页脚"按钮移至页脚区，再输入页脚内容。

④创建完毕后，单击工具栏上的"关闭页眉和页脚"按钮。

（2）为奇偶页创建不同的页眉或页脚。

①单击"页眉和页脚"工具栏上的"奇偶页不同"复选框。

②将光标移至"偶数页页眉"区或"偶数页页脚"区，为各偶数页创建页眉或页脚。

③将光标移至"奇数页页眉"区或"奇数页页脚"区，为各奇数页创建页眉或页脚。

4. 设置页面边框

设置页面边框就是在页面四周加边框线。

选择"页面布局"菜单中的"页面边框"按钮，打开"边框和底纹"对话框，单击其中的"页面边框"选项卡，如图 3-31 所示。

在此对话框中，可对边框线的各种属性进行设置。

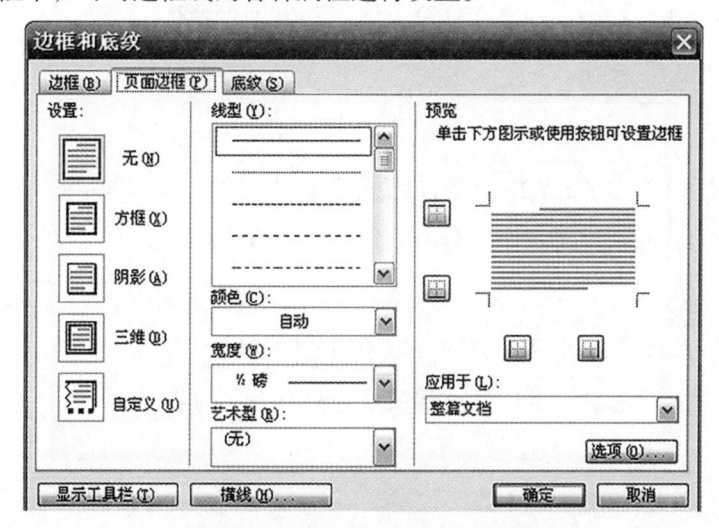

图 3-31 "边框和底纹"对话框

四、设置分栏

报纸、杂志上的文章几乎都是分栏编排的。文字填满一栏后转到下一栏,这种排版较为灵活,易于阅读。

1. 创建分栏

(1)选中要分栏的文本。

(2)单击"页面布局"菜单中的"分栏"组中"更多分栏"命令,打开"分栏"对话框。如图 3-32 所示。

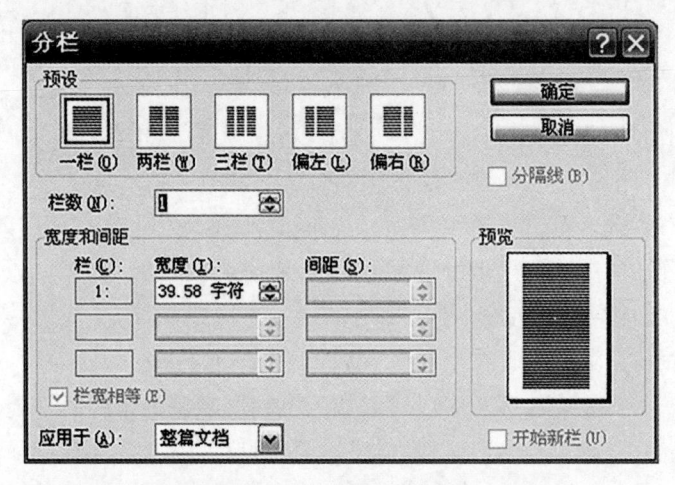

图 3-32 "分栏"对话框

(3)在"预设"区域中指定所需的分栏格式,如单击"两栏"框。

(4)在"宽度和间距"框中指定各栏的栏宽及栏与栏之间的距离。

(5)若要在栏间加分隔线,可以选中"分隔线"复选框。

(6)在"应用于"框中,选择"整篇文档"或"选定文本"。

(7)单击"确定"按钮。

2. 撤销分栏

Word 中撤销分栏,只需将多栏设置改为单栏,进行如下操作即可。

(1)单击"页面布局"菜单中"分栏"组中"更多分栏"命令,打开"分栏"对话框。如图 3-32 所示。

(2)在"分栏"对话框中将"栏数"框中的分栏数设置为 1。

(3)单击"确定"按钮,此时,文档就成为只有一栏的节。

第五节　图文混排

一、文本框

文本框是完成图文混排的重要工具。文本框是存放文本或图形、图像的容器，可在页面上定位并调整其大小。用文本框可将段落或图形组织在一起，将某些文字排列在其他文字和图形的周围，或在文档边缘打印侧标题和附注等。

1. 插入文本框

插入文本框具体操作如下。

单击"插入"选项卡中的"文本框"按钮，弹出"文本框"菜单，如图 3-33 所示。

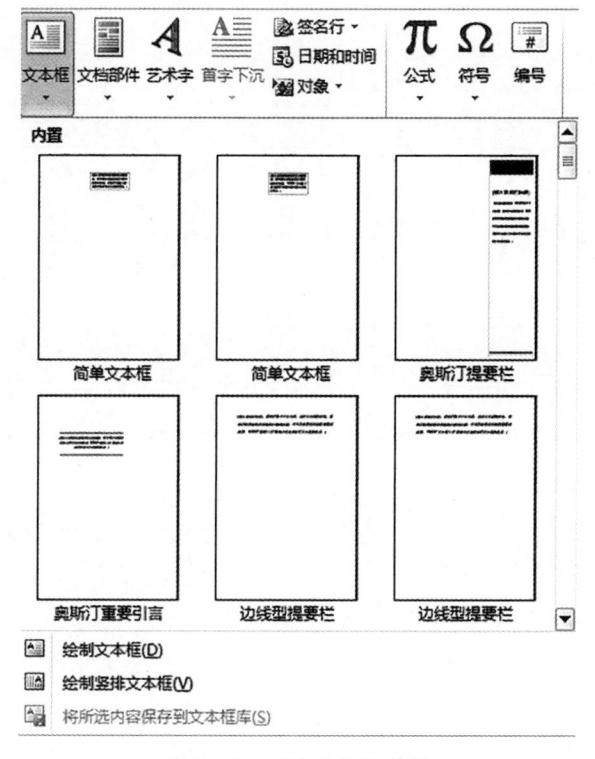

图 3-33　"文本框"菜单

选择"内置"文本框或单击"绘制文本框"，鼠标指针变为十字形状，在指定位置按下指针拖动鼠标直到出现所需大小的方框再松开鼠标左键，就可以出现一个空白的文本框。此时，光标在文本框中闪烁，表明可以向文本框中输入文本或图形。

如果要将文字或图片插入文本框，先选定要放入文本框的文字或图片，再插入文本框，即可将选中的内容放入文本框中。

2. 编辑文本框

文本框的格式可以根据需要进行修改，如改变文本框的线型、填充色等。

单击需要修改的文本框使其处于选中的状态，出现句柄（文本框四周出现八个小圆圈），拖动句柄可直接改变文本框大小，也可以拖动文本框到页面的任意位置。

如果要精确的编辑文本框，可选中文本框然后单击右键，在弹出快捷菜单中选择"其他布局选项"命令，弹出的对话框如图 3-34 所示，可设置文本框的位置、文字环绕及大小。

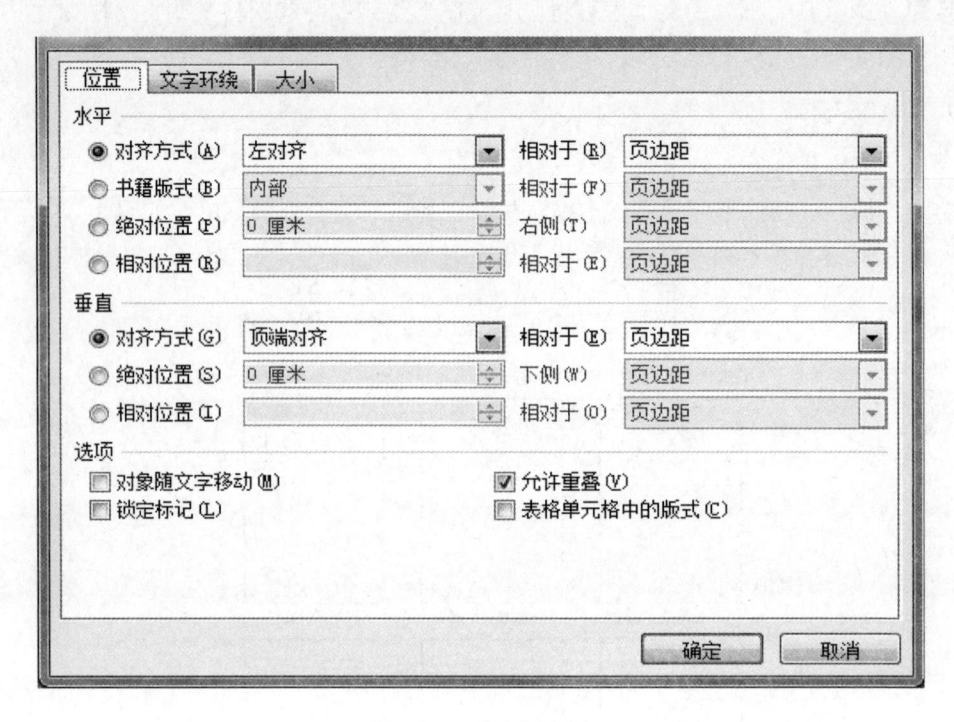

图 3-34 文本框布局

如果要设置文本框填充色等，可选中文本框然后单击右键，在弹出快捷菜单中选择"设置形状格式"命令，打开"设置形状格式"对话框如图所示 3-35 所示，可设置文本框的填充色、线型及线条颜色等。

3. 删除文本框

如果要删除文本框，可先选中文本框，然后按下"Delete"键，将文本框连同其内容一同删除掉。如果要保留其中的文本，要先将其移到文本框外。

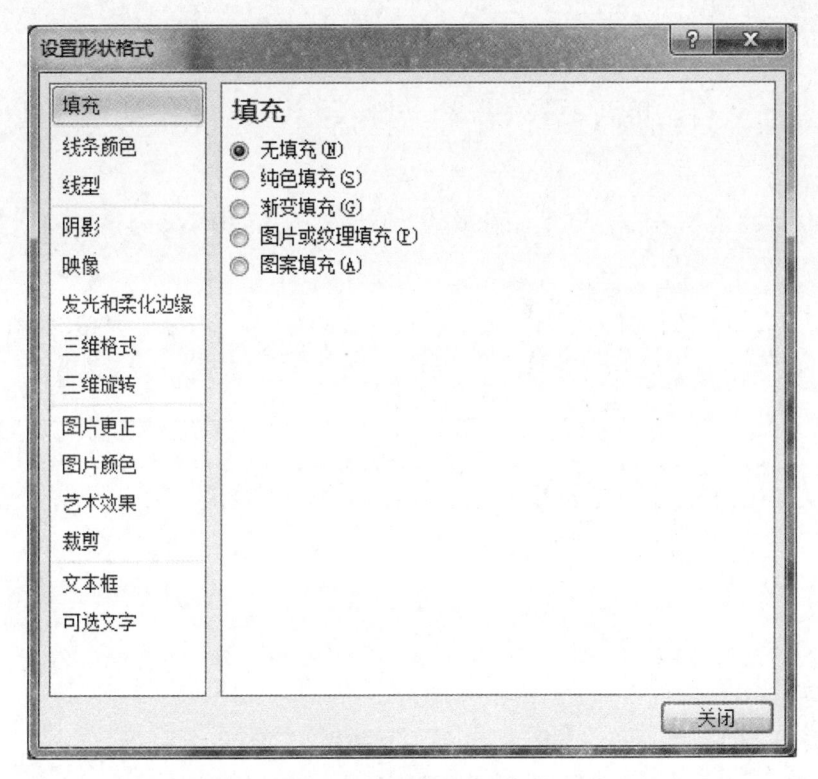

图 3-35 设置形状格式

二、图形对象处理

在文档的编辑中,如果希望文档的形式更丰富、生动,可以在文档中插入漂亮的图形。

1. 插入剪贴画

剪贴画是 Word 程序附带的一种矢量图片,包括人物、动植物、建筑、科技等各个领域,精美而且实用,有选择地在文档中使用它们,可以起到非常好的美化和点缀作用。插入剪贴画可以按以下步骤进行。

(1)单击"插入"菜单选择"剪贴画",显示"剪贴画"任务窗格。

(2)在"剪贴画"任务窗格的"搜索文字"框中,键入所需剪贴画的描述性单词或词组。当然,也可以使用剪贴画的全部或部分文件名进行搜索。

(3)单击"搜索范围"框中的箭头并选择要搜索的集合。Word 自带的剪贴画一般存放于"Office 收藏集"内。

(4)单击"结果类型"框中的箭头选择"剪贴画",取消其他复选项选中状态。

(5)单击"搜索"按钮。如果存在符合条件的剪贴画,它们将显示在结果框中。

(6)单击想要的图片将其插入文档。

说明:(1)单击"剪贴画"任务窗格下部的"管理剪辑",打开"Microsoft 剪辑管理器",可直接在里面寻找所需剪贴画,如果要将其插入文档中,可先复制图片,然后在 Word 文档中指定位置进行粘贴。

（2）如果计算机和互联网相连，还可以从微软公司的相关页面上搜寻剪贴画。在剪贴画任务窗格下部单击"Office.com"中查找详细信息，就可以到达剪辑库的联机主页。

2. 插入和编辑图片

用户利用其他绘图程序制作的图片或从互联网中下载的图片，也可以插入到 Word 文档中。

选定要插入图片的位置，单击"插入"菜单中的"图片"按钮，打开如图 3-36 所示的"插入图片"对话框。

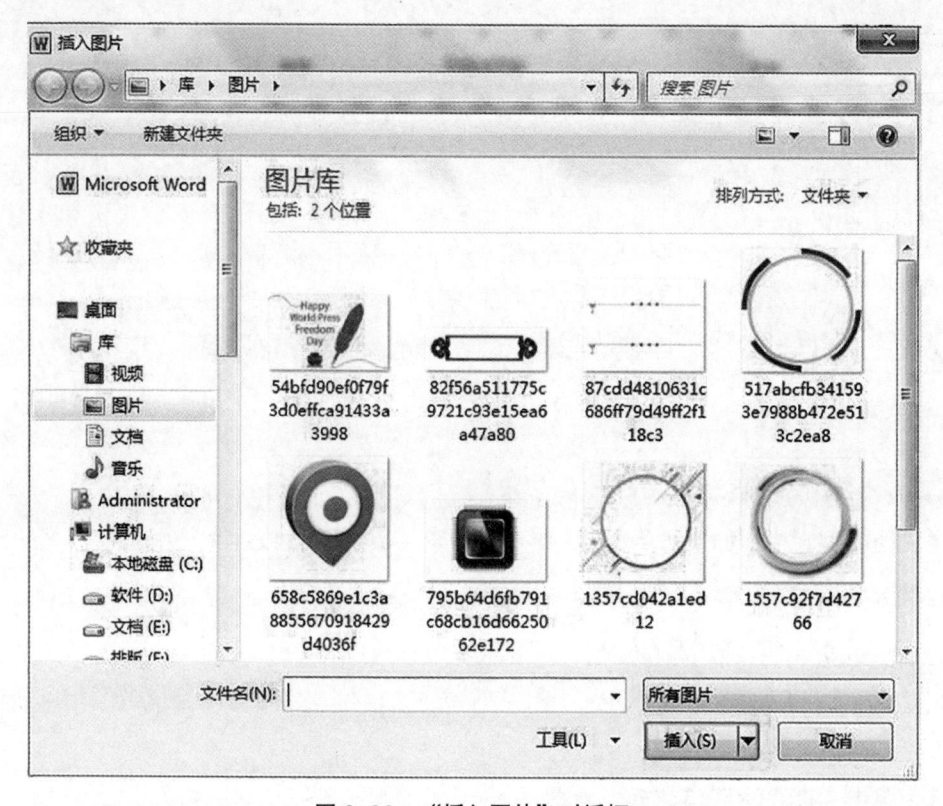

图 3-36 "插入图片"对话框

从"查找范围"列表框中选择图片文件所在的文件夹，选中要插入的文件名，单击"插入"按钮。

要修改插入的图片，在图片上单击使其处于选中状态，此时图片的周围会出现八个控点。将鼠标指针移到控点上，指针就会变为双向箭头，按住鼠标左键拖动，即可改变图片的大小。利用"图片"工具栏中的按钮，可以对图片进行剪裁、添加、调整等编辑工作，或者在选中的图片上右击弹出快捷菜单，选择"设置图片格式"命令，打开"设置图片格式"对话框，从而对其进行设定。

如果要对图形添加填充色、边框颜色、阴影、三维效果等，先选中图片，在选项卡中单击"图片工具"，如图 3-37 所示，在出现工具栏中的单击相应按钮。

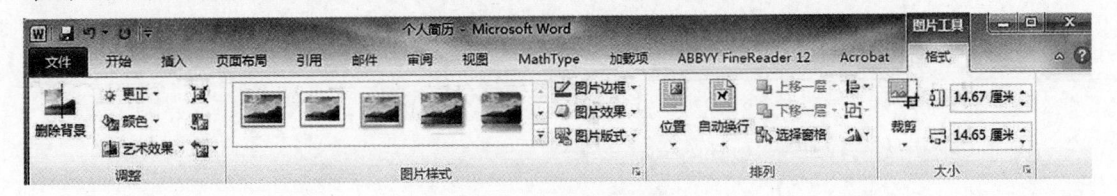

图 3-37 "图片工具"

将鼠标指针移到该图形上，指针变为十字箭头形状，可以拖动图形到文档中的任意位置，如果要删除直接按"Delete"键或单击"剪切"按钮。

还可以对选定的多个图形进行组合，使其成为一个整体。

3．绘制图形

利用 Word 中提供的绘图工具，可以直接在文档中绘制一些简单的图形，单击"插入"选项卡中的"形状"命令，会弹出一个菜单如图 3-38 所示。

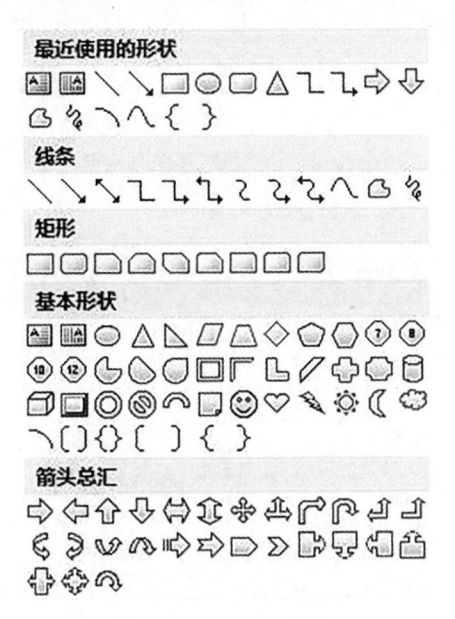

图 3-38 形状菜单

如果要绘制一个圆形，可单击工具栏的"自选图形"按钮，在子菜单中选择"基本图形"命令。如选中椭圆，这时鼠标指针变为十字形状，按下"Shift"键同时再按住鼠标左键拖动，就画出一个圆形。

4．使用艺术字

在文档中插入艺术字可以编排出具有特殊效果的文字，增强文本的视觉效果。

（1）插入艺术字。

①将插入点移动到要插入艺术字的位置。

②在"插入"选项卡中单击"文本"组中的"艺术字"命令,打开"艺术字库"菜单,如图 3-39 所示。

③单击所需要的样式,打开编辑"艺术字"文字对话框。

④输入艺术字文本,并根据需要选择字号、字形、字体。

⑤单击"确定"按钮。

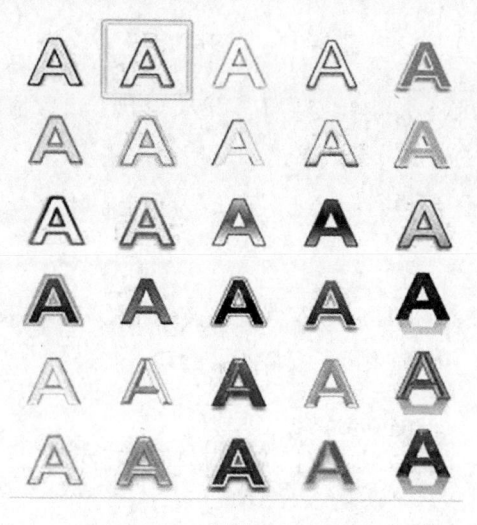

图 3-39 "艺术字库"菜单

(2)编辑艺术字。

一旦用户创建了一个艺术字对象,如果编辑它,只要单击选取该对象,将打开"绘图工具"工具栏,如图 3-40 所示。

应用该工具栏可以从样式库中选择不同的样式,编辑对象中的文字,改变对象的形状,自由旋转、文字环绕等属性。

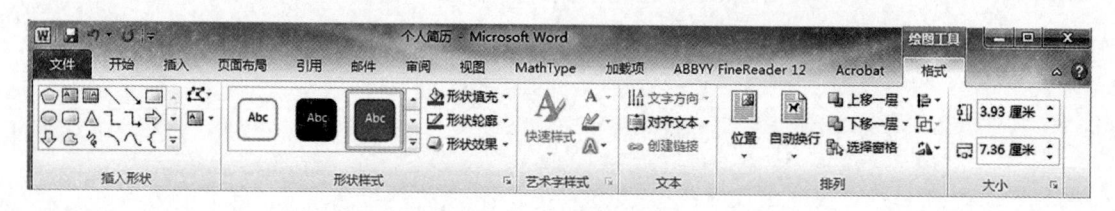

图 3-40 "绘制工具"

删除艺术字的方法,选中艺术字,按"Delete"键即可。

5. 公式编辑器的使用

Word 提供的"公式编辑器"可以在文档中建立复杂的公式。在输入公式时,"公式编辑器"根据数学方面的编排惯例,自动调整公式中各元素的大小、间距和格式编排,也可以人工调整公式的格式。

（1）建立公式。

将插入点定位于想要插入公式的位置，单击"插入"选项卡中的"公式"按钮，在弹出菜单中可以选内置公式或插入新公式，如图 3-41 所示。

"公式"工具栏的上一行是符号，可用于插入各种数学符号；下一行是数学公式样板，样板中有一个或多个插槽，可以直接插入文字和符号，还可以在样板的插槽中再插入其他样板来建立复杂结构的公式。

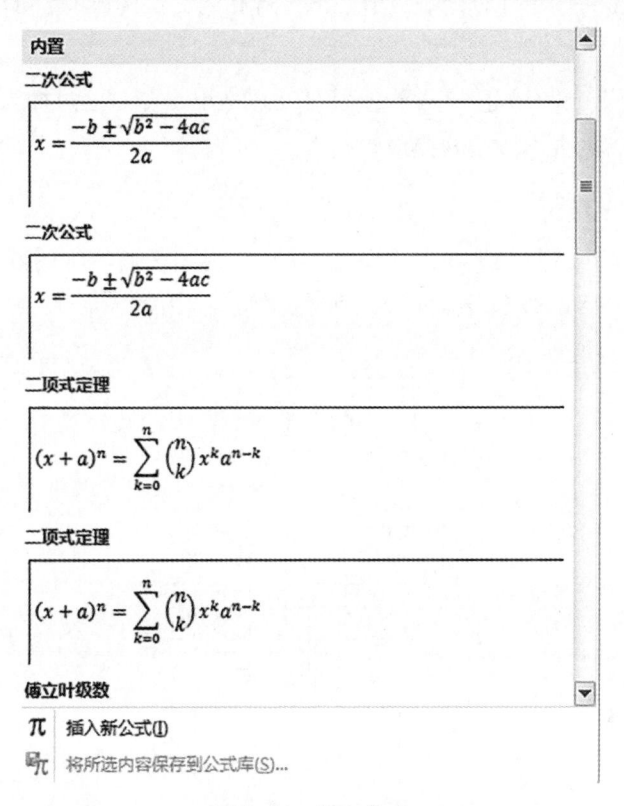

内置

二次公式

$$x = \frac{-b \pm \sqrt{b^2 - 4ac}}{2a}$$

二次公式

$$x = \frac{-b \pm \sqrt{b^2 - 4ac}}{2a}$$

二项式定理

$$(x+a)^n = \sum_{k=0}^{n} \binom{n}{k} x^k a^{n-k}$$

二项式定理

$$(x+a)^n = \sum_{k=0}^{n} \binom{n}{k} x^k a^{n-k}$$

傅立叶级数

π 插入新公式(I)

将所选内容保存到公式库(S)...

图 3-41　插入公式

根据需要在工具栏中选择相应的符号或公式，就可以完成各种数学公式的建立。单击 Word 文档窗口的任一位置，即可回到文本编辑状态。

（2）编辑公式。

对需要进行编辑的公式双击，就会显示"公式编辑器"工具栏和菜单栏，公式在文本框中显示，将插入点移到所要修改的位置单击，就可以在公式中添加、删除、改变公式中的元素，也可以使用不同的样式、大小及文字的格式编排，或者调整公式中各元素的间距和位置。修改完毕，单击"公式编辑器"窗口外的任意位置返回文档窗口。

如果要对公式图形进行编辑，则单击该公式，使其处于选中状态，拖动控点可改变公式的字体大小、间距等，如果要对公式进行复制，就要在拖动公式的同时按住"Ctrl"键。

第六节　在文本中插入表格

一、创建表格

表格由一行或多行的单元格组成，单元格是行和列交汇构成的，可以在其中键入文字、数据或插入图片。

创建表格的方法主要有以下几种：一种是通过拖曳；二是通过插入表格对话框；三是绘制表格以及将现有的文本段落转换成表格等。

1. 通过拖曳鼠标来实现

将插入点移到要创建表格的位置，单击"插入"菜单，单击"表格"按钮，则弹出一个表格模型，拖动鼠标，选定所需的行、列数，然后松开鼠标左键，一个规则表格就建好了。表格模型如图 3-42 所示。

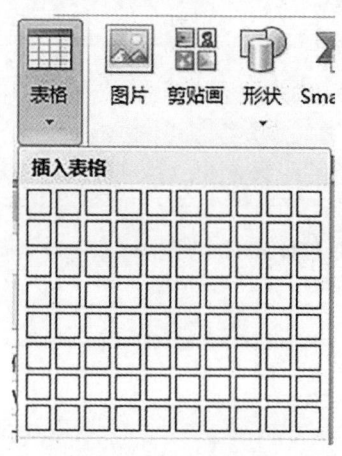

图 3-42　表格模型

2. 使用"插入表格"按钮

将插入点移到要创建表格的位置，单击"插入"菜单，单击"表格"按钮，在弹出的菜单中选择"插入表格"命令，弹出"插入表格"对话框。在该对话框中选定表格的列数和行数，单击"确定"按钮，一个规则表格就建好了。

3. 在表格中输入文本

在表格中输入文本与输入其他文本一样，只要将插入点移至要输入内容的单元格，直接向其中输入，完成后再将插入点移至其他单元格。要删除单元格中的内容，可用"Backspace"键，或选定要删除的内容之后按"Delete"键删除。

对表格中的文本也可以进行各种文本格式设定，还可以进行复制、删除等，其方法与文档中文本设置方法相同。

二、编辑、设置表格

表格建立之后，还可以根据需要对表格进行编辑、修改，如对单元格式进行合并、拆分、增加、删除以及调整单元格的行高与列宽等。

1. 调整表格的行高和列宽

可以用鼠标来调整单元格宽度。首先用鼠标选中表中竖线，鼠标变成双向箭头，这时只需按住鼠标左键拖动，当竖线移动到了理想的位置时松手，则竖线就移到新位置，这样即可调整单元格列宽。

以上方法是常用的方法，但用这种方法排版表格显得不太精确，Word 提供了精确调整行高、列宽的方法。先选中表格，Word 窗口将新增一个"表格工具"选项卡，如图 3-43 所示。

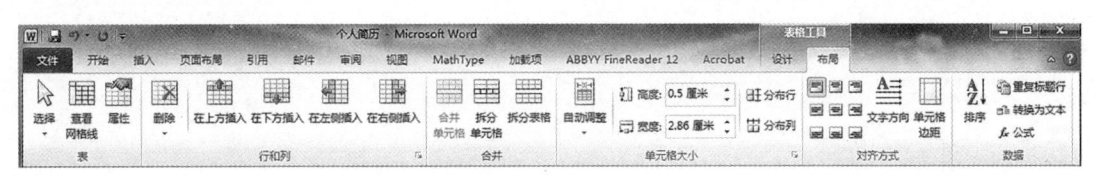

图 3-43 "表格工具"

用鼠标选择"属性"命令，打开"表格属性"的对话框，如图 3-44 所示。通过其中的"行""列"选项卡可为每个单元格设置行高、列宽（或用鼠标选中表格，单击鼠标右键在弹出的快捷菜单中选择"表格属性"也可弹出"表格属性"对话框）。

图 3-44 "表格属性"对话框   图 3-45 "表格属性"对话框

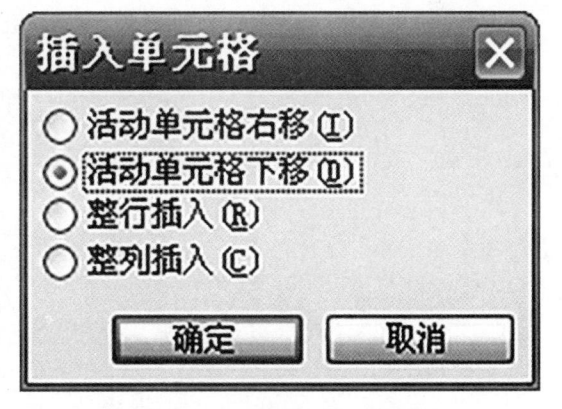

2. 插入单元格

当发现在所创建的表格中，有的位置上需要增加单元格时，首先在要插入新单元格位置的右边或上边选择一个或几个单元格,然后单击"表格工具"选项卡"行和列"组右下的按钮,这时就会弹出如图3-45所示的对话框。选择其中一种插入方式,单击"确定"按钮。

3. 删除单元格

在表格的编辑中,常删除一个或多个单元格,完成此工作的步骤如下。

首先选定要删除的单元格;然后选择"表格工具"中的"删除"按钮,从级联菜单中选择"删除单元格"命令。根据自己的需要,从"删除单元格"对话框中选择一种方式,最后单击"确定"按钮,完成相删除单元格的目的。

4. 拆分单元格

所谓拆分单元格,就是把一个单元格水平拆分成多个单元格。

拆分单元格操作,是由"拆分单元格"对话框来完成的。其操作步骤如下。

(1)用鼠标选定待拆分的单元格。

(2)选中"表格工具"中的"拆分单元格"命令,这时弹出"拆分单元格"对话框。

(3)在"列数"框、"行数"框中指定将单元格拆分成几列、几行。

(4)单击"确定"按钮。

5. 合并单元格

用户有时可能想要使用较宽的单元格,此时可选择合并单元格的操作。

合并的原则,可以合并两个或更多个相邻单元格,从而生成一个较宽的单元格。合并单元格的步骤如下。

(1)选择想要合并的单元格,这些单元格应该是相邻的。

(2)选中"表格工具"中的"合并单元格"命令。

6. 插入、删除行或列

插入或删除行和列的操作,在表格编排时也是经常使用的。

(1)插入行/列。

首先将插入点移到想插入的位置,然后选择"表格工具"中的相应命令,如图3-46所示,即可完成行或列的插入。

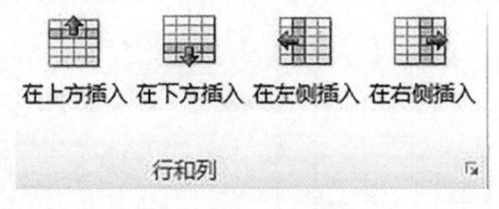

图 3-46 插入行或列

(2)删除行/列。

当用户要删除行或列时,可先用鼠标选中所要删除的行或列,然后在"表格工具"中选用"删除"命令,就将选中行或列删除了。

三、表格的边框和底纹

在 Word 文档中，默认情况所有表格都采用 1/2 磅的黑色单实线边框，用户可根据需要修改表格的边框。如果不需要边框可以取消边框，在没有边框的表格中用虚线来区分单元格。

1. 边框设置

（1）选中要添加边框的表格。

（2）选择"页面布局"菜单中"页面背景"组的"页面边框"按钮（或选中表格单击鼠标右键在弹出的快捷菜单中选择"边框和底纹"命令），出现"边框和底纹"对话框。

（3）单击"边框"选项卡，如图 3-47 所示。

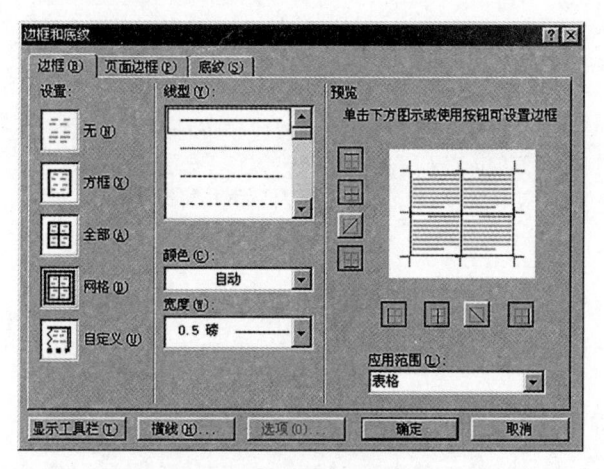

图 3-47　"边框"选项卡

（4）在"应用范围"列表框中选择"表格"。

（5）在"设置"区中选择"网格"方格方框，在"预览"区中将显示表格边框线的情况。如果要清除某个边框线，只需在"预览"区中单击相应的边框或四周的按钮即可。

（6）如果改变外框的线型，可以从"线型"列表框中选择一种线型，如选择"双线"。

（7）如果要设置线的宽度，则单击"宽度"列表框右边的向下箭头，从下拉列表中选择一种宽度值。

（8）默认情况下，边框的颜色为黑色，如果想改变，可以单击"颜色"列表框右边的向下箭头，从下拉列表中选择一种颜色。

（9）单击"确定"按钮，完成边框设置。

2. 设置底纹

如果想为表格中的部分单元格添加底纹，可以按照以下步骤进行。

（1）选择要添加底纹的单元格。

（2）选择"页面布局"菜单中"页面背景"组的"页面边框"按钮，出现"边框和底纹"对话框。

（3）单击"底纹"选项卡，如图3-48所示。

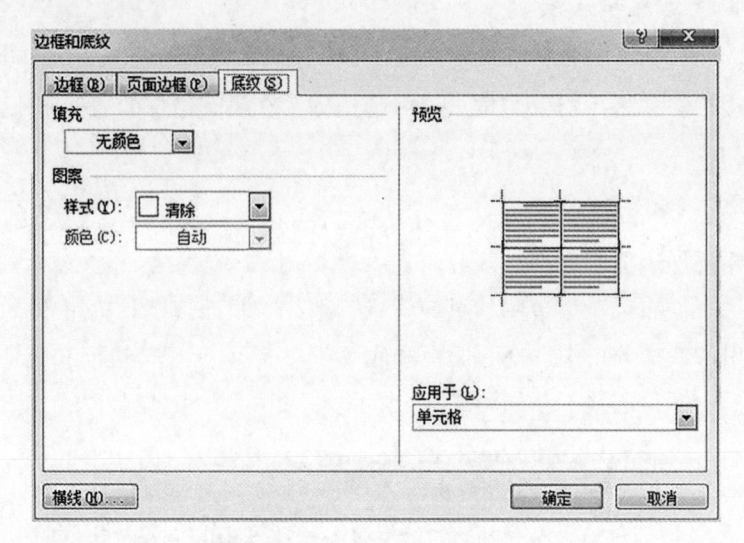

图3-48 "底纹"选项卡

（4）在"图案"选项区的"样式"列表框中选择一种底纹，从"颜色"列表框中选择底纹的颜色。

（5）单击"确定"按钮关闭对话框。

以上方法，同样适用设置已选定的单元格的边框和底纹。

四、简单表格计算

Word对表格中的数字还具有一定的计算和排序功能，它虽然不能与其他专门的电子表格中的计算功能相比，但利用它做一些简单的排序和统计工作还是很方便的。

1. 计算行或列数值

对Word表格中的数据作求和计算，先选中要放置求和结果的单元格，选择"表格工具""布局"中的"公式"命令，打开"公式"对话框，如图3-49所示。

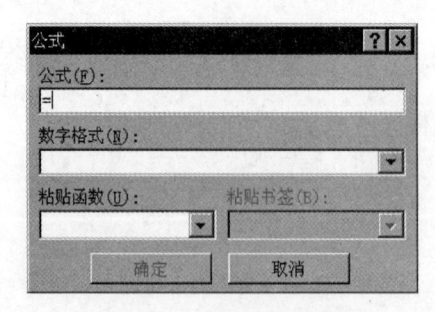

图3-49 "公式"对话框

在此对话框中，公式是指输入的计算公式，它由下列符号组成：

（1）运算符。+(加), —(减), *(乘), /(除), %(百分比), ^(乘方)。

（2）函数。为了便于进行计算，Word 中提供了许多用于表格计算的函数，其中常用的如下所示。

AVERAGE(表达式 1，表达式 2)：计算参数的平均值。

COUNT(值 1，值 2，……)：计算参数的个数。

MAX(表达式 1，表达式 2)：取两参数的较大值。

MIN(表达式 1，表达式 2)：取两参数的较小值。

SUM(表达式 1，表达式 2)：将表达式求和。

函数可以通过"粘贴函数"取得。

（3）数值：可以是任意实数。

（4）引用表：由列和行的代码组成。列代码为 A，B，C，……，行代码为 1，2，3，……；如 A1 表示 1 列 1 行所对应的表示值。

2. 表格排序

Word 可按数字、英文字母、中文笔画或日期顺序来排序，排序的范围可达整个文件。下面仅以表格的排序为例来说明其操作方法。

（1）选取排序范围。

（2）选择"表格布局"中的"排序"命令，则显示如图 3–50 所示的"排序"对话框。

①类型：选定要排序的数据类型。其类型有笔画、拼音、数字、日期。

②列表：指明排序范围内是否有标题行。

（3）对话框设置完毕，单击"确定"按钮，立即进行排序。

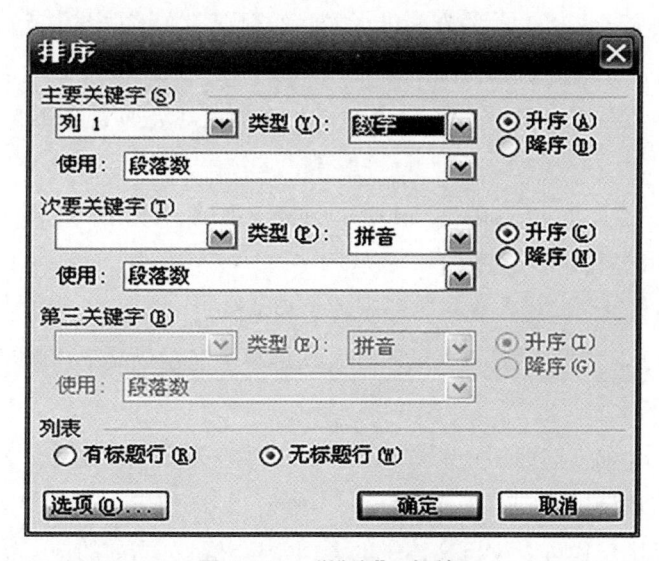

图 3–50　"排序"对话框

第七节　文档的显示模式及打印输出

一、文档的显示模式

Word 窗口中显示文档的方式称为视图。常用的有页面视图、阅读版本视图、Web 版本视图、大纲视图、草稿视图、导航窗格视图等。不同的视图有不同的特点，可根据文档的实际情况进行选择。视图方式可以通过"视图"选项卡中按钮进行切换。

（1）页面视图。

Word 的页面视图非常形象直观，如同一张张白纸铺在灰色背景上，是一种按照文档打印效果进行显示的视图。在页面视图中可以查看在打印出的页面中文字、图片和其他元素的位置，可用于编辑页眉和页脚、调整页边距、处理栏和图形对象、编辑数学公式和图文框。它是一种安排页面细节布局的完美方式。

（2）阅读版式视图。

阅读版式视图是模拟书本阅读的方式，让人感觉是在翻阅书籍。在图文混排或包含多种文档元素的文档中，这种版式在阅读紧凑的文档时，能将相连的两页显示在一个版面上，显示十分方便。进入阅读版式视图后，单击右上角的"关闭"按钮，即可返回之前的视图。

（3）Web 版式视图。

Web 版式视图是以网页的形式显示 Word 文档，Web 版式视图适用于发送电子邮件和创建网页。

（4）大纲视图。

大纲视图是用缩进文档标题的方式进行显示的视图。在该视图中既可以折叠文本进行查阅标题，也允许展开文本进行查阅、编辑或修改整个文档等操作。它能够快速地重排附带文本的标题顺序。在该视图中，Word 会自动打开显示"大纲"工具栏。

（5）草稿视图。

草稿视图类似之前 Word 2003 或 2007 中的普通视图，这是最适合文本录入和图片插入的视图，该视图的页面布局最简单，只显示字体、字号大小、字形、段落以及行间距等最基本的格式，页与页之间用单虚线（分页符）表示分页，节与节之间用双虚线（分节符）表示分节。这样可以缩短显示和查找的时间，使屏幕上显示的文章连贯易读。

（6）导航窗格视图。

导航窗格是一个独立的窗格，能够显示文档的标题列表。使用导航窗格可以方便用户对文档结构进行快速浏览，同时还能跟踪用户浏览文档的位置。打开导航窗格后，默认显示的是文档标题，用户还可以浏览文档中的页面，以及浏览当前的搜索结果。

（7）设置显示比例。

为了在编辑文档时利于观察，需要调整文档的显示比例，将文档中的文字或图片放大。这里的放大不是文字或图片本身放大，而是视觉上变大，打印时仍然是原始大小。设置方法为选择"视图"选项卡，在"显示比例"组中单击"显示比例"按钮。弹出的对话框如图 3-51 所示，在"显示比例"选项区中选择需要的比例选项，出可以调节"百分比"数值框，完成后单击"确定"按钮。

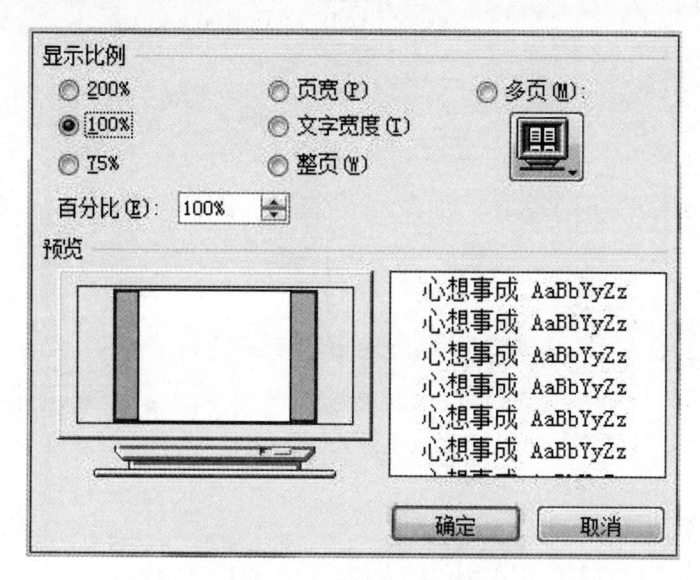

图 3-51 "显示比例"对话框

二、文档的打印设置

在确认文档的内容无误后，就可以打印文档了。要打印文档，可以执行下列操作之一。

（1）按"Ctrl+P"键。

（2）单击"文件"按钮，在弹出的下拉菜单列表中执行"打印"命令。

执行上述操作之后，将在下拉列表中间位置显示打开的相关参数，如图 3-52 所示，在右侧可以进行打印预览，从而在计算机显示器上预览打印的效果。

在打印预览区的左下角，单击"上一页"按钮，可查看前一页的预览效果，单击"下一页"按钮可查看下一页的预览效果，在两个按钮之间的文本框中输入页码数字，然后按下"Enter"键，可快速查看该页的预览效果。

在打印预览区的右下角，通过显示比例调节工具可调整预览效果的显示比例，以便能清楚地查看文档的打印预览效果。用户完成预览后或要退出打印设置，可以按"ESC"键退出。

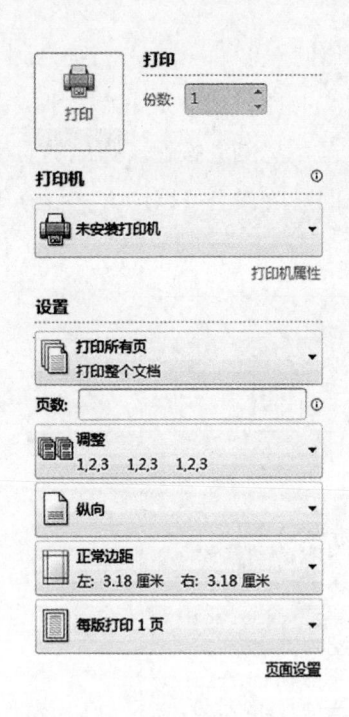

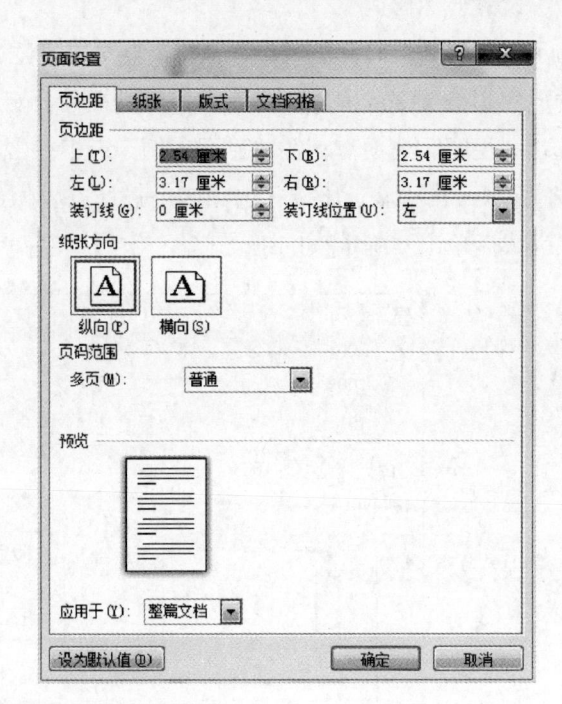

图 3-52 打印设置

常用打印参数的解释如下。

①份数：在此可以设置打印范围内的页面，所要打印的份数。

②打印机：在此下拉列表中，可以选择要用于打印的打印机名称。

③页码范围：在此区域中，可以选择要打印的范围，如可以设置打印所有页，也可以设置打印选中的页面。

④打印方式：在此可以设置纸张是单面或双面打印。前者可以自动完成，而后者则需要手动翻动纸张。

⑤打印顺序：当设置"份数"为 2 或更大的数值时，在此可以设置多份打印的顺序。当选择"调整"选项时，将按照从前到后的顺序，打印一份后再打印下一份；选择"取消排序"选项时，会按照所设置的"份数"，先打印足够份数的第 1 页，然后再打印足够份数的第 2 页，依次类推。

⑥打印方向：在此可以设置打印时纸张的方向为纵向或横向。

⑦打印尺寸：在此可以设置打印时所使用纸张的尺寸。在此下拉列表中，也可以执行"其他页面大小"命令，以自定义纸张尺寸。

⑧页边距：在此可以设置打印时的页边距属性。

⑨缩放打印：在此可以设置在每张纸上打印页面的数量。

设置完毕后，单击顶部的"打印"按钮，即可开始打印。

第四章 电子表格处理软件 Excel 2010

Excel 是 Office 的一个重要的组成部分,是一个强大的数据处理软件,利用它可以制作电子表格、进行数据编辑与处理,还可以进行数据分析与计算、创建报表或图表等。

与之前版本相比,Microsoft Excel 2010 提供了更为强大的分析功能,并且可以采用更多种方式进行信息的管理和共享,从而帮助用户进行商业决策。全新的分析工具和图形化界面可以帮助用户跟踪并突出显示重要数据的变化趋势。此外,用户还可以将文件轻松上传至网页中与其他同事同时对其进行操作。无论是创建财务报表还是进行个人理财,Excel 2010 都可以高效灵活的帮助用户实现目标。

第一节 Excel 2010 的基本操作

一、Excel 2010 的基本功能和操作

1.Excel 2010 的基本功能

Excel 2010 电子表格软件可以快捷地建立数据表格,输入和编辑工作表中的数据,灵活地管理和使用工作表以及格式化工作表。一个常见的 Excel 2010 电子表格示例,如图 4-1 所示。

	A	B	C	D	E	F	G	H	I
1					计算机基础成绩单				
2	学号	姓名	平时成绩				期末考试		总评成绩
3			平时1	平时2	平均	平时占30%	成绩	期末占70%	
4	990101	张国立	86	93	89.5	26.9	86	60.2	87.1
5	990102	干娜	90	85	87.5	26.3	82	57.4	83.7
6	990103	吴霞	25	30	27.5	8.3	40	28	36.3
7	990104	唐国强	92	87	89.5	26.9	91	63.7	90.6
8	990105	张雨生	81	90	85.5	25.7	95	66.5	92.2
9	990106	蒋海洋	68	81	74.5	22.4	86	60.2	82.6
10	990107	王慧	83	91	87	26.1	90	63	89.1
11	990108	李国强	75	85	80	24.0	84	58.8	82.8
12	990109	郑明明	88	93	90.5	27.2	93	65.1	92.3
13	990110	王伟	92	89	90.5	27.2	88	61.6	88.8

图 4-1 电子表格示例

在图 4-1 所示的工作簿窗口中,所有的数据都存放于一张名为"计算机基础成绩单"的工作表的各个单元格中。该工作表中的各个单元格所包含的数据类型是不完全相同的,

有文本、数值型常量、公式与函数等，其中"总评成绩"列在 I4 单元格中。输入公式后，其余同学的总评成绩可以通过拖动填充柄复制公式得到，操作灵活方便。

与手工制作的数据报表相比，Excel 2010 电子表格不仅便于管理维护，而且还能够对表格中的统计信息自动计算与更新。在原始数据发生变化时，计算结果会立刻更新，使结果始终反映数据的变化。例如，图 4-1 中"平均""平时占 30%""期末占 70%""总评成绩"会随着任一原始数据的改变而自动更新。

2.Excel 2010 的启动与退出

（1）启动 Excel 2010 有两种方法。

①在"开始"菜单中选择"所有程序"命令，然后单击"Microsoft Office"中的"Microsoft Office Excel 2010"。

②双击桌面上 Microsoft Office Excel 2010 快捷方式图标。

（2）退出 Excel 2010 有四种方法。

①单击标题栏的关闭按钮。

②单击菜单栏的"文件"菜单中的"退出"命令。

③按快捷键"Alt+F4"。

④双击标题栏左端的控制菜单图标。

二、Excel 2010 的界面组成

Excel 2010 启动成功后，即可打开如图 4-2 所示的工作界面。

1.Excel 2010 的工作界面

（1）工作簿。进入 Excel 2010 后，系统就自动打开了一个空白的工作簿，默认的名称为"Book1"。一个工作簿由一个或多个工作表组成。

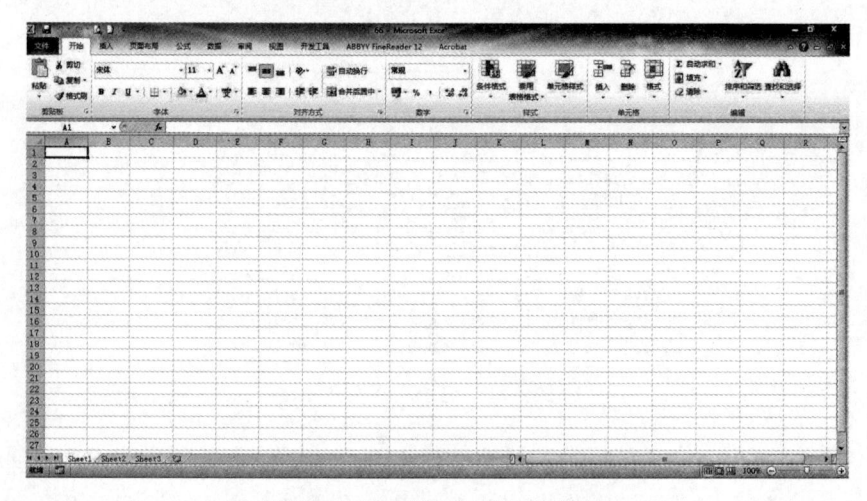

图 4-2　Excel 2010 的工作界面

（2）工作表。工作表是 Excel 中存储和管理数据的主要场所。默认的工作表名称为 Sheet1、Sheet2 等，如图 4-2 所示。工作表由单元格、行号、列标、工作表标签等组成。

（3）行号与列标。窗口左侧的 1、2、3、4 等数字即为行号，中部的 A、B、C、D 等英文字母即为列标。

（4）单元格。单元格是由行和列交叉而成的细小单位，是 Excel 中处理信息的最小单元，用户数据只能在单元格内输入。每个单元格的位置都由行号和列标来确定。例如，单元格 A1 表示它处于第 A 列的第 1 行，A1：D4 表示以 A1 开始至 D4 为对角线的矩形单元格区域。

（5）名称框。显示当前单元格或区域的地址或名称，用来实现在工作表中快速定位，在活动单元格中输入"="时，名称框中显示的是函数名称。

（6）编辑栏。当选中某个单元格时，用来输入、编辑和显示当前活动单元格的值或公式，当然更多情况下人们习惯直接在单元格中输入数据，双击单元格编辑和修改，通过编辑栏还可以查看其内容是常量还是公式。

（7）一个工作簿由多个工作表组成，默认状态下，新建的工作簿包含三个工作表，其工作表标签分别为 Sheet1、Sheet2、Sheet3。一个工作表标签代表一个工作表。可以单击工作表标签在不同的工作表之间进行切换，也可以重命名工作表，并可以根据需要在工作簿中增加或删除工作表。单击某个工作表名，它就呈高亮度显示，成为当前工作表，例如图 4-3 中的 Sheet1。在 Excel 2010 中，允许同时在一个工作簿中的多个工作表中输入。Excel 2010 启动后，系统默认打开的工作表数目是三个，用户可以改变这个数目，通过以下方法实现：单击"文件"菜单中的"选项"命令，打开"选项"对话框，再选择"常规"选项卡，改变"包含的工作表数"后面的数值，这样就设置了以后每次新建工作簿同时打开的工作表数目。每次改变后，需重新启动 Excel 2010 后才能生效。

图 4-3 工作表标签

2.Excel 2010 命令的使用

在 Excel 2010 中，命令是告诉应用程序执行某项任务的指令，通常选择命令的方法有以下四种。

（1）用鼠标单击工具栏上按钮。

（2）单击菜单栏中的相应命令。

（3）使用快捷菜单。

（4）使用快捷键。

在 Excel 2010 窗口中显示的"文件""开始""插入""页面布局""公式""数据"等菜单栏。

每一个菜单栏下由许多按钮组成，分别代表不同的常用操作命令，利用它们可以方便、快捷地完成某些常用操作。

三、Excel 2010 工作簿的基本操作

Excel 2010 的工作簿是存储数据、公式以及数据格式化等信息的文件。工作簿就像一个文件夹，把相关的多个表格或图表存放在一起，便于处理，其扩展名为 .xlsx。

1. 新建工作簿

当启动 Excel 时，会自动打开一个名为"Book1"的空白工作簿。在编辑过程中用户也可以根据需要自己创建工作簿，操作方法是，执行"文件"菜单中的"新建"菜单命令，打开右侧任务窗格的"空白工作簿"超链接，单击"创建"，如图 4-4 所示。

2. 保存工作簿

一个工作簿对应一个文件，文件名即为工作簿名。保存工作簿有两种方法。

（1）保存新建的工作簿。

①选择"文件"菜单中的"保存"或"另存为"命令。

②单击快速访问工具栏上的"保存"按钮" 🖫 "。

图 4-4 新建工作簿

注意："我的文档"是 Excel 2010 保存文档的默认文件夹，如果要在其他的文件夹中保存文档，就必须重新确定保存位置，并采用第二种保存方法实现。

（2）保存已存在的工作簿。

如果是已经存盘的工作簿文件进行修改后需保存，可以选择"文件"菜单中的"保存"命令，或单击快速访问工具栏上的"保存"按钮，进行保存操作。但是当更换当前工作簿

所存在的位置或对文件名进行更改，再重新存盘，则要选择"文件"菜单中的"另存为"命令，打开"另存为"对话框，如图 4-5 所示。在其中重新给出路径名及文件名，然后单击"保存"按钮，即可将原来已存在的工作簿重新存盘，而原工作簿仍然存在。

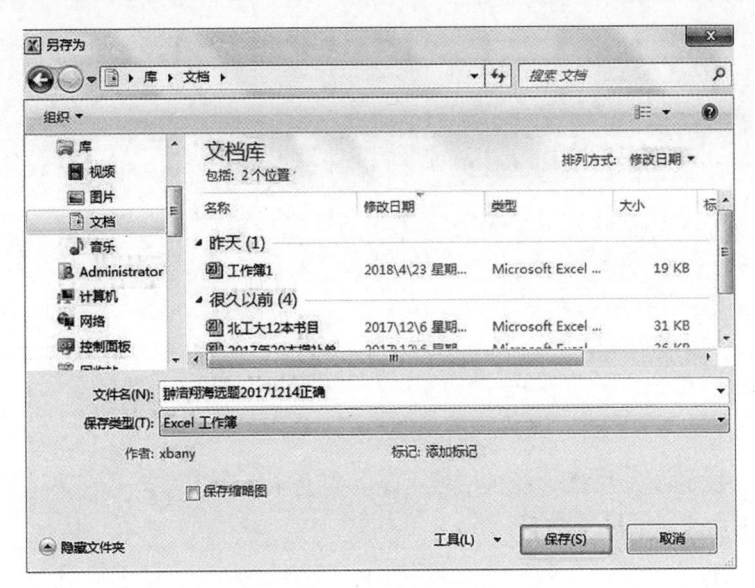

图 4-5　"另存为"对话框

3. 关闭工作簿

关闭工作簿的常用方法有以下几种。

① 选择"文件"菜单中的"关闭"命令。
② 单击当前工作簿文件窗口右上角的"关闭"按钮"✕"。
③ 双击当前工作簿文件窗口标题栏左侧的控制菜单图标。

四、数据输入

1. 选择单元格

（1）选择一个单元格。鼠标单击单元格。

（2）选择矩形单元格区域。先单击某一单元格，按住鼠标左键不放，拖动鼠标到矩形区域中另一单元格，松开鼠标。

（3）选取整行或整列。单击行号或列号。

（4）选择不相邻的单元格或区域。先单击要选择的第一个单元格，按住"Ctrl"键不放，再单击其他单元格。

（5）选择不相邻的区域。先选择第一个区域，按住"Ctrl"键不放，再单击其他区域。

注意：要想选定整个工作表，可单击工作表窗口中的行、列标题交叉处的全选按钮，或者用键盘上的组合键"Ctrl+A"。

2. 在单元格中输入数据

Excel 2010 允许向单元格中输入各种类型的数据。数据在单元格和编辑栏内同时显示。

（1）输入文本。

文本数据可由汉字、字母、数字、空格以及键盘能键入的其他可见符号组合而成。默认情况下，文本数据在单元格内左对齐。

如果在数据输入时遇到下列两种情况：

①保留数字串前面的"0"，如区号"0314"等。

②或者输入的字符串的首字符是"="时，如"=3*4"等。

此时应先输入一个单引号"'"，然后再输入"0314"或"=3*4"。

（2）输入数值。

数值数据一般由数字和+、-、( )、*、/、$、%、.、E、e 等各种特殊字符组成。数值数据的特点是可以进行算术运算和比较大小。对齐方式默认为单元格右对齐。当小数点后位数超过设置位数时，系统自动进行四舍五入。

对于数值数据的书写格式，Excel 2010 规定见表 4-1。

（3）输入日期和时间。

日期和时间的输入形式有多种，一般情况下，日期的年、月、日之间用"-"或"/"分割，时间的时、分、秒之间用冒号分割。日期和时间输入后在单元格内默认为右对齐方式。

如在单元格中输入 5/1，确认后单元格显示 5 月 1 日，编辑栏显示"2018-5-1"。

若要用 12 小时制键入时间，需要在时间后键入一个空格，然后键入 AM 或 PM（也可只输入字符 A 或 P），用来表示上午或下午。否则，Excel 2010 将基于 24 小时制计算时间。例如，键入 1:00 而不是 1:00 PM，则被视为 1:00 AM 保存。

如果要输入系统当天的日期，可以按"Ctrl+ ;（分号）"；如果输入系统当前的时间，可以按"Ctrl+ :（冒号）"。

表 4-1 数值数据的书写格式

格 式	举 例	说 明
科学计数法	100000000000	默认的通用数字格式可显示的最大数字为 99999999999，超出此范围，则改为科学计数法显示
列宽不够	￥88886666	单元格内数字被"######"代替，说明单元格宽度不够，增加单元格的宽度即可
正数	+89	Excel 2010 会自动把加号去掉
负数	-456 或（456）	负数可以直接输入"-"，或者用圆括号括起来
真分数	0 1/3	输入真分数，必须用零和空格引导，以便与日期相区别
假分数	1 1/2	输入假分数，应在整数部分和分数部分之间加一空格
公式中数值	=（2）+3	公式中出现的数值，不能用圆括号来表示负数；不能用千分号","分割千分位；不能在数字前用货币符号"$"

3. 填充数据

在输入表格数据时，对于一些相同或有规律的数据，如等差序列、等比序列、时间和日期序列、文本型数据等，当然也包括一些自定义的序列，利用 Excel 2010 中的"填充"功能可以自动高效完成数据的输入，而不必一一重复地输入这些数据。

（1）第一种方法：使用填充柄。

一般情况下，在工作表使用区域内，当选择一个单元格或一个单元格区域，在右下角会出现一个"填充柄"，当用户拖动填充柄，可以实现快速自动填充。利用填充柄不仅可以填充相同的数据，还可以填充有规律的数据。

图 4-6 列出了数字、纯文本、文本型数据、日期、星期、等差序列等数据的填充。

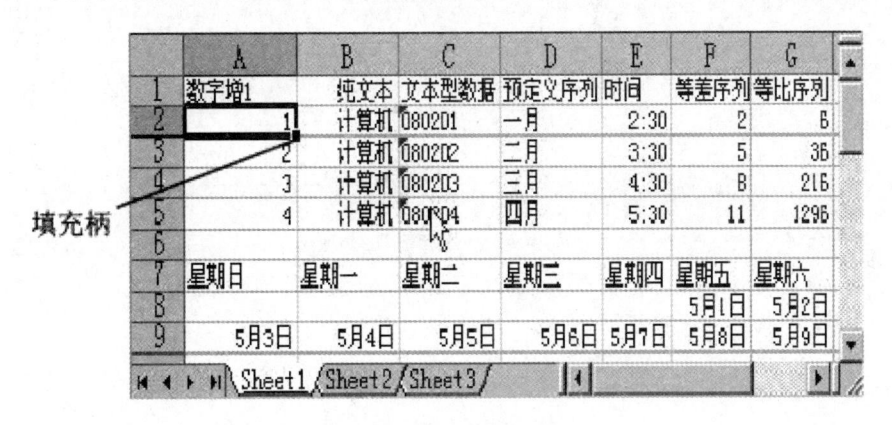

图 4-6 使用填充柄

①数值型数据的填充。

使用填充柄填充数值型数据时，直接拖动填充柄，数据不变；按下"Ctrl"键拖动，则生成差值为 1 的等差序列，并且从初始单元格开始向右或向下填充步长为正 1；从初始单元格开始向左或向上填充步长为负 1。

②文本型数据的填充。

如果是纯文本型数据，如"学生""AB"等，无论用何种方法填充，数据都不变；但是如果是初值含有数字的文本型数据，如"第 1 季度""B2C"等，直接拖动填充柄，字符部分不变，数字按等差序列步长为 1 变化；如果按下"Ctrl"键拖动，数据不变。

③日期和时间型数据的填充。

如果初值为日期型数据，直接拖动填充柄，按"日"生成步长为 1 的等差序列；若按下"Ctrl"键拖动，则数据不变。初值为时间型数据时，直接拖动填充柄，按"小时"生成步长为 1 的等差序列；若按下"Ctrl"键拖动，则数据不变。

> 注意：填充柄可以向上下左右四个方向拖动，如果是增减序列的填充，向右或向下拖动鼠标，自动填充建立的是递增的序列；如果向左或向上拖动鼠标，自动填充建立的是递减的序列。

（2）第二种方法：创建自定义序列。

打开"文件""选项"命令，打开"Excel 选项"对话框，选择"高级""常规""编辑自定义列表"命令，可在"自定义序列"文本框中录入需创建的自定义序列，单击"添加""确定"按钮，即可完成自定义序列的创建，如图 4-7 所示。

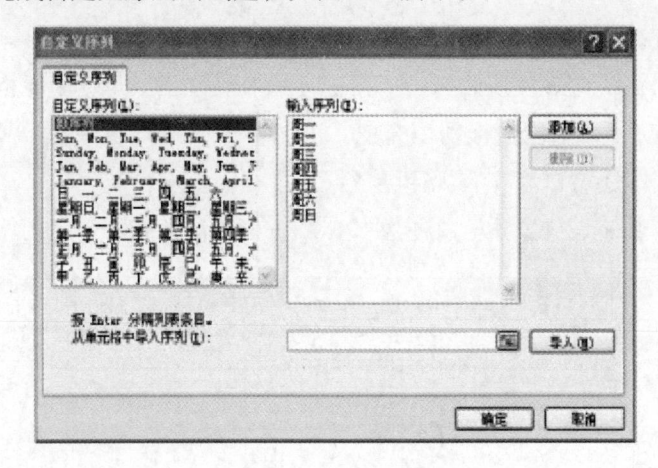

图 4-7　创建自定义序列

五、单元格的基本操作

1. 插入单元格操作

选择要插入单元格的区域，选择"开始"选项卡中的"单元格"命令，打开"插入"对话框，选择相应选项，可在需要的地方插入单元格或整行、整列。如图 4-8 所示。

> 注意：插入行，选择"插入"菜单中的"行"命令，可在所选行的上方插入一行。插入列，选择"插入"菜单中的"列"命令，可在所选列的左侧插入一列。

2. 复制单元格

如果要在其他单元格中输入已有内容，可以复制单元格。具体操作步骤如下。

（1）单击要复制的单元格，使单元格成为活动单元格。

（2）在活动单元格中单击鼠标右键，弹出快捷菜单，从中单击"复制"命令。

（3）用鼠标右键单击目标单元格，在弹出的快捷菜单中单击"粘贴"命令。

> 注意：在 Excel 2010 中可以对特定的内容进行复制，如对单元格中的数值、公式、格式、批注等内容，进行复制。"粘贴"时选择"剪贴板"组中"粘贴"的"选择性粘贴"命令，打开"选择性粘贴"对话框，如图 4-9 所示。在"粘贴"区中选定一种要粘贴的选项，各选项的含义见表 4-2。

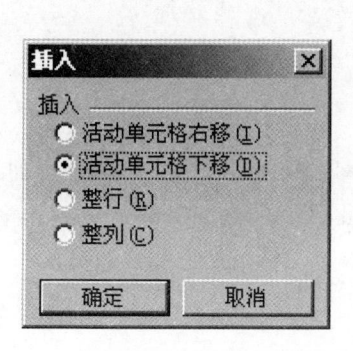

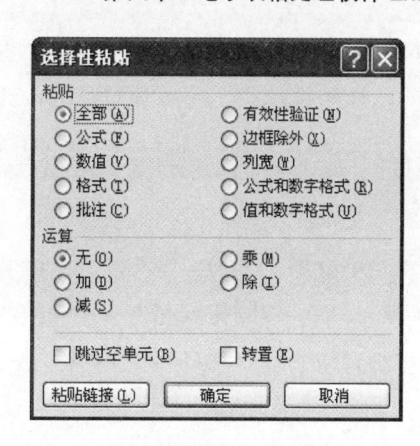

图 4-8 插入单元格　　　　图 4-9 "选择性粘贴"对话框

表 4-2 选择性粘贴

选 项	含 义
全部	复制单元格中的全部内容，与"粘贴"命令相同
公式	仅复制单元格中的公式
数值	仅复制单元格中的数值
格式	仅复制单元格中设定的格式
批注	仅复制单元格的批注
运算	将被复制区域的内容与粘贴区域中的内容用本选项指定的方式运算后，放置在粘贴区域
跳过空单元	避免复制区域中的空格替换粘贴区域中的数值
转置	将被复制的内容在粘贴时转置放置，即把工作表中一行的数据转换成一列的数据

3. 移动单元格

选中要移动的单元格，单击"剪切"按钮" "或按"Ctrl+X"组合键，再选中目标单元格，单击"粘贴"按钮" "或按"Ctrl+V"组合键。

4. 删除单元格

选中要删除的行、列或单元格区域，可以执行以下操作之一。

（1）在"开始"选项卡中单击"删除"文字按钮。

（2）单击"删除"按钮的箭头按钮，在弹出的下拉列表中执行"删除单元格"命令。

（3）在要删除的单元格上右击，在弹出的菜单中执行"删除"命令，即可删除所选的单元格。

（4）若选中的是单个单元格执行上述（2）（3）种操作时，则会弹出对话框，在其中选择不同的选项，即可删除相应的单元格范围。

另外，若是在要删除的行数字或列字母上右击，在弹出的菜单中执行"删除"命令，即可删除相应的行或列。

注意：行删除后，下面的各行依次向上移；列删除后，所有的后继列依次往左移一列。在删除单元格或单元格区域后，其右侧或下方的单元格向左或向上移动，以填充空隙。

5. 清除单元格

选中要清除的单元格，然后按“Delete”键即可将其中的内容清除。与上述讲到的“删除单元格”不同，清除单元格只是移除单元格中的内容，而删除单元格则是将单元格及其中的内容都移除，而且删除单元格后会改变其他单元格的布局，因此要特别注意二者之间的区别。

六、项目案例：制作员工年终实发工资表

1. 新建空白工作簿

操作步骤：

步骤一：同时按“Ctrl+N”键，创建一个空白工作簿。

步骤二：打开“文件”菜单中的“另存为”对话框，单击“保存位置”下拉按钮，单击文件将要保存的磁盘“D 盘”；再单击“公司文件”文件夹，在“文件名”文本框中输入文件名称“员工年终实发工资表”，然后单击“保存”按钮。

2. 输入工作表数据

操作步骤：

步骤一：单击 A1 单元格，输入“2011 年 12 月份实发工资表”，然后按“Enter”键。

步骤二：单击 A2 单元格，输入“编号”，按“Tab”键，移动光标到 B2 单元格，输入“工号”，依次输入其他单元格内容，效果如图 4–10 所示。

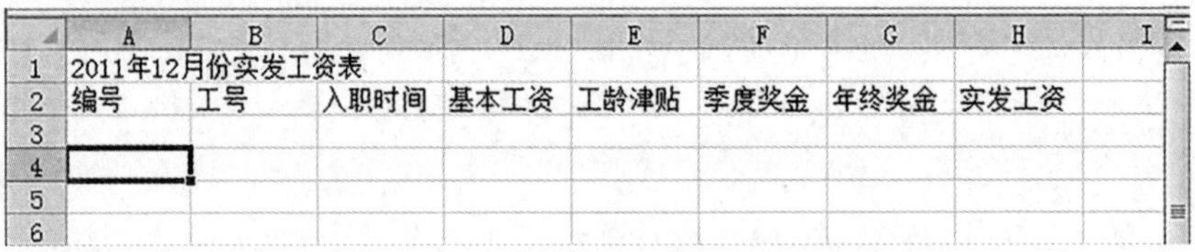

	A	B	C	D	E	F	G	H	I
1	2011年12月份实发工资表								
2	编号	工号	入职时间	基本工资	工龄津贴	季度奖金	年终奖金	实发工资	
3									
4									
5									
6									

图 4–10　“员工年终实发工资表”工作表

步骤三：单击 A3 单元格，输入“’ 01”，利用填充柄的功能，拖动填充柄，将此列内容填充。单击 B3 单元格，输入“Z0”；单击 B4 单元格，输入“G1”，利用填充柄的功能，填充 B5 和 B6 单元格内容；单击 B7 单元格，输入“P4”，利用填充柄的功能，填充余下单元格内容。同样依次完成“入职时间”“基本工资”“工龄津贴”“季度奖金”“年终奖金”“实发工资”等列的内容。

步骤四：单击行号 2，选中第 2 行。选择“插入”选项卡的“行”命令，在 A2 中输入“单

位：东科机电"，在 H2 中输入"制表时间：2011.12.6"。

员工信息输入完毕后，保存，可得到如图 4-11 所示的工作表。

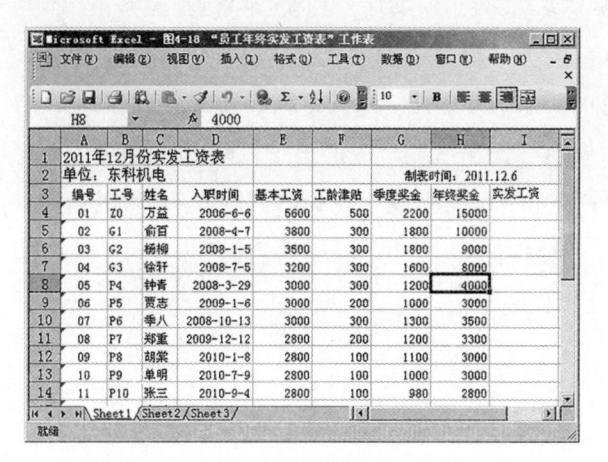

图 4-11 "员工年终实发工资表"工作表

七、巩固练习：制作商品销售统计表

1. 操作要求

（1）新建一个工作簿，保存为"商品销售统计表"。

（2）按图 4-12 所示输入内容。

2. 效果展示

商品销售统计表的制作效果如图 4-12 所示。

图 4-12 商品销售统计表

八、知识拓展

1. 在输入数字时，如果显示"######"怎么办

采用"常规"格式的数字长度为 11 位，如果输入的数字位数超过 11 位，则自动以科学计数法表示数字，或填满"#"，表示这一列没有足够的宽度来正确显示这个数字，这时需要调整列宽。

2.如何为工作表设置密码

步骤一：在当前工作簿文件中，选择"审阅"菜单栏"更改"组中的"保护工作表"命令，如图4-13所示。

步骤二：在打开的对话框中勾选"保护工作表及锁定的单元格内容""选定锁定单元格"和"选定未锁定的单元格"，然后在"取消工作表保护时使用的密码"文本框中输入密码，单击"确定"按钮，弹出"确认密码"对话框如图4-14所示，在其中输入设置的打开权限密码，单击"确定"按钮，再次弹出"确认密码"对话框，输入设置的修改权限密码，单击"确定"按钮，工作表密码创建成功。

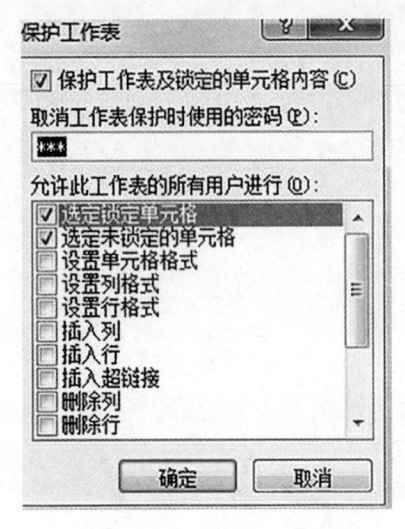

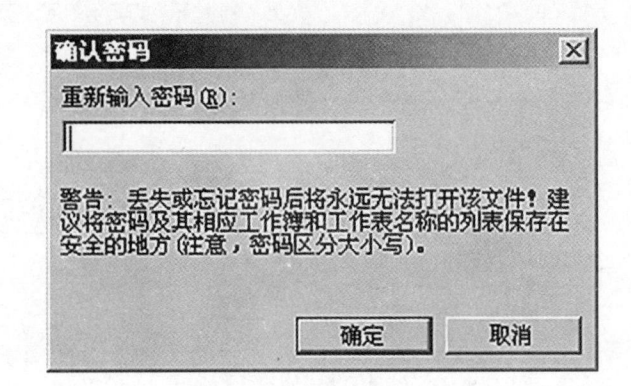

图4-13 "选项"对话框　　　　　图4-14 "确认密码"对话框

第二节　工作表的美化

一、设置单元格格式

1.数字格式

Excel提供了多种数字格式，如千分位分隔样式、不同小数位数、百分号、货币符号等。在单元格中显示的是格式化后的数字，编辑栏中显示的是系统实际存储的数据。

"数字"工具栏上的数字格式按钮如图4-15所示，其可以设置比较简单的数字格式。

单击"开始"菜单中"单元格"组的"格式"命令，打开"设置单元格格式"，进入"数字"选项卡，如图4-16所示。数字格式的分类主要有常规、数值、分数、日期、时间、货币、会计专用、百分比等，用户还可以设置千分位分隔符以及小数点后的位数等。默认情况下，数字格式是常规格式。

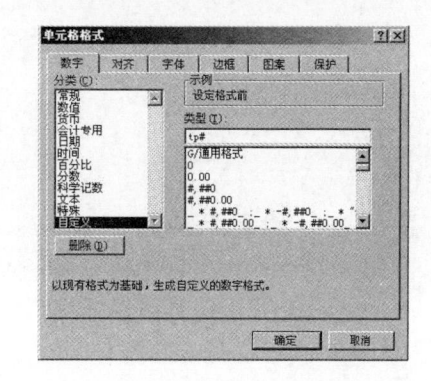

第四章　电子表格处理软件 Excel 2010

图 4-15　"数字格式"快捷按钮

图 4-16　"单元格格式"中的"数字"选项卡

2. 对齐方式

Excel 2010 在默认情况下，输入数据的对齐方式为文本左对齐，数字、日期时间右对齐，逻辑值居中对齐。为了使表格更加美观，有时要重新设置对齐方式。最简单的方式是使用在"开始"菜单栏中"对齐方式"组的三个对齐按钮，分别为"左对齐""居中对齐""右对齐"。

另外一种方法是在如图 4-17 所示的对话框中，可以详细设置数据的对齐格式，包括水平对齐、垂直对齐及文本方向，还可以完成单元格区域的合并，合并后只有选定区域左上角单元格的内容放到合并的单元格中。如果要取消合并后的单元格，则选定已合并的单元格取消"对齐"选项卡中的"合并单元格"复选框即可。

在"方向"列表框中，可以改变单元格内容的显示方向；如果勾选"自动换行"复选框，则当单元格中的内容宽度大于列宽时，会自动换行。

注意：在实际的应用中，表格的标题经常要设置成跨列居中，除利用"单元格格式"中的"对齐"选项卡，在"水平对齐"框中选择"居中"，在"文本控制"中选择"合并单元格"复选框以外，还可以利用"开始"菜单栏中"对齐方式"组中的"合并后居中"按钮"　"加以设置。

3. 字体格式

Excel 2010 在默认的情况下，输入的字体为"宋体"，字形为"常规"，字号为"12 磅"。可以根据实际需要，利用"字体"工具栏的字符格式按钮，或者"单元格格式"对话框中"字体"选项卡，如图 4-18 所示，来修饰单元格内容的字体格式。

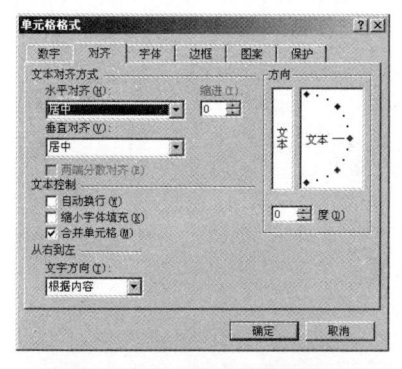

图 4-17　"对齐"选项卡

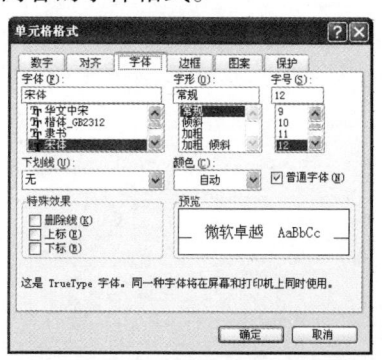

图 4-18　"字体"选项卡

125

4. 设置边框

Excel 2010 提供了两种设置边框的方法，一种是在选中单元格区域后单击"开始"菜单栏"字体"上的边框"⊞"右边的下拉箭头，其中共有 12 种边框格式，可以根据需要任选一种；另一种方法是利用"单元格格式"对话框中"边框"选项卡，如图 4-19 所示，"预置"选项组设置"外边框"和"内部"；"边框"样式设置上、下、左、右边框和斜线等；还可以设置边框的线条样式和颜色。如果要取消已设置的边框，选择"预置"选项组中的"无边框"即可。

5. 设置图案

为单元格添加底纹和图案，可以突出显示某些单元格区域。一种方法可以使用"字体"工具栏中的填充按钮"🖌-"；第二种方法就是利用"单元格格式"对话框中"图案"选项卡详细设置，如图 4-20 所示，在"颜色"框中选择一种颜色为底色，在"图案"下拉列表中选择花纹，颜色和花纹构成了底纹，在"示例"框中可以预览效果。

图 4-19　"边框"选项卡　　　　　图 4-20　"图案"选项卡

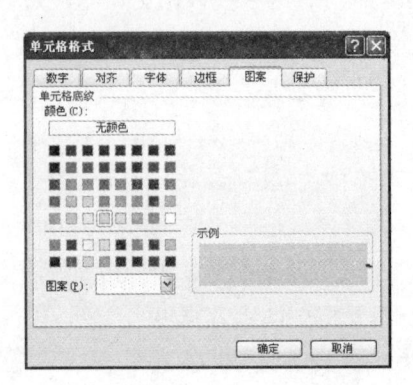

6. 设置行高和列宽

在工作表中，对于行高和列宽的调整，可以使用鼠标进行粗略调整。将鼠标指针放到行边线或列边线上，鼠标指针变成十字箭头形状，拖动鼠标可以改变行高或列宽的大小。

若想精确设置行高或列宽，则需要选择"开始"菜单的"单元格"组中的"格式"命令中"行"命令下的"行高"命令，弹出"行高"对话框如图 4-21 所示，或选择"开始"菜单的"单元格"组中的"格式"命令中"列"命令下的"列宽"命令。并在相应的对话框中输入具体的数值，单击"确定"按钮。

图 4-21　"行高"对话框

注意：可以根据单元格中实际内容，合理地调节行高和列宽。选择"开始"菜单的"单元格"组中"行"命令下的"最适合行高"命令，将其设置为最适合的行高。同理也可以设置最适合列宽。

二、工作表和窗口的基本操作

1. 选择工作表

若用户同一时间需要对多张工作表进行操作，这时就需要切换到不同的工作表。操作方法是，用鼠标单击要切换到的工作表标签，就可以切换到相应的工作表。如图 4-22 所示。

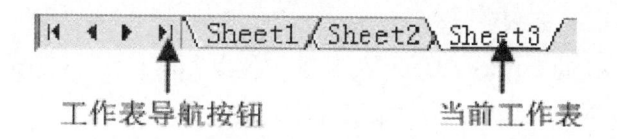

图 4-22 选择工作表

2. 插入工作表

在某个工作表前插入一个新的工作表，操作方法有两种。

（1）选择"开始"菜单的"单元格"组中的"插入工作表"命令，便可在当前工作表之前插入一新工作表，而且系统会自动把当前编辑的工作表设置为新建的工作表。

（2）将鼠标定位在某一工作表名上，单击右键在弹出的快捷菜单中选择"插入"命令。

例如，要在"Sheet1"工作表前插入一个新的工作表。

操作步骤：在如图 4-22 所示的工作表标签"Sheet1"处右击鼠标，从弹出的快捷菜单中选择"插入"命令，打开"插入"对话框，如图 4-23 所示，在"插入"对话框的"常用"选项卡中选择"工作表"图标，则在"Sheet1"左侧就新增加了一个工作表"Sheet4"，如图 4-24 所示。

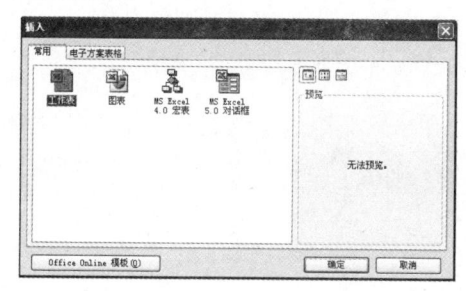

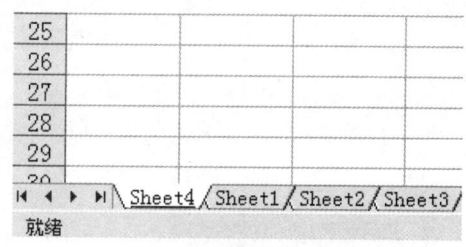

图 4-23 "插入"对话框   图 4-24 新建"Sheet4"工作表

3. 移动或复制工作表

移动或复制工作表，可用于调整工作表的顺序。例如，将上例中的工作表 Sheet1 移动或复制到 Sheet3 之前，需要用到移动或复制的操作。

操作方法有两种。

（1）用鼠标拖动完成移动或复制工作表。

工作簿内工作表的复制或移动用鼠标操作更方便。如果想执行复制操作，按住"Ctrl"

键，鼠标单击源工作表如"Sheet1"，光标变成一个带加号的小表格，用鼠标拖曳要复制或移动的工作表标签到目标工作表如"Sheet3"上即可，Sheet1将复制到Sheet3之前。如果想执行移动操作，则不用按"Ctrl"键，直接拖曳即可，此时光标变成一个没有加号的小表格。

若工作簿之间工作表的复制或移动需要在屏幕上同时显示源和目标工作簿，可采用下述方法。

（2）用菜单命令完成移动或复制工作表。

如果在工作簿之间复制或移动工作表，使用菜单命令复制或移动工作表操作步骤如下（以"Book1"的"Sheet1"复制移动到"Book2"的"Sheet3"之前为例）。

①打开源工作表所在的工作簿"Book1"和所要复制到的工作簿"Book2"。

②鼠标单击所要复制或移动的工作表标签"Sheet1"。

③选择"编辑"菜单的"移动或复制工作表"命令，出现如图4-25所示的"移动或复制工作表"对话框。

④在"工作簿"列表框中选择所希望复制或移动到的工作簿"Book2"。

⑤在"下列选定工作表之前"列表框中选择希望把工作表插在目标工作簿哪个工作表之前，如放在最后可选择"（移到最后）"，本例选"Sheet3"。

⑥如果想复制工作表则选中"建立副本"复选框，否则执行的将是移动操作。

工作簿内工作表的复制或移动也可以用上述方法完成，只要在"工作簿"列表框中选择源工作簿即可。

4. 删除工作表

如果想删除整个工作表，只要选中要删除工作表的标签，再选择"编辑"菜单中"删除工作表"命令即可；或者是右击工作表标签，在快捷菜单中选择"删除"命令。整个工作表被删除且相应标签也从标签栏中消失。

注意：工作表被删除后不可用"常用"工具栏的"撤销"按钮恢复。

例如，将上例中的"Sheet4"工作表删除。

操作步骤：单击"Sheet4"工作表，选择"开始"菜单的"单元格"组中的"删除工作表"命令，打开如图4-26所示的对话框，单击"确定"按钮，将"Sheet4"工作表删除。若单击"取消"按钮，则不进行删除操作。

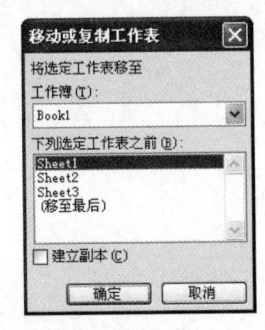

图4-25　"移动或复制工作表"对话框　　　图4-26　删除工作表提示对话框

5. 重命名工作表

Excel 2010 新建工作表初始名字为"Sheet1""Sheet2"……，如果一个工作簿中建立了多个工作表时，用户显然希望工作表的名字最好能反映出工作表的内容，以便于识别。例如，将"Sheet4"重命名方法有两种。

（1）先用鼠标双击要命名的工作表标签，工作表名将突出显示；再输入新的工作表名，按"Enter"键确定。

（2）右击工作表名称，然后在快捷菜单中选择"重命名"命令。二者可使"Sheet4"标签反黑显示，输入一个新名称，如输入"员工年终实发工资表"。完成后将鼠标在工作表的任意地方单击。

6. 拆分工作表

当表格很大时，查看表格数据不太方便，这时可使用"拆分窗口"命令将标题和表头部分进行拆分窗格显示。

具体操作：选定作为拆分分割点的单元格，选择"视图"菜单"窗口"组中的"拆分"命令，在当前选中单元格的上面和左边就出现了两条拆分线，整个窗口分成了四部分，而垂直和水平滚动条也都变成了两个，拖动上面的垂直滚动条，可以同时改变上面两个窗口中的显示数据；拖动左边的水平滚动条，则可以同时改变左边两个窗口显示的数据，这样就可以通过这四个窗口分别观看不同位置的数据了。

若要取消拆分工作表窗口，再一次选择"视图"菜单"窗口"组中的"拆分"命令；或者使用鼠标，在窗口的分割条上用鼠标双击即可。

注意：使用鼠标同样可以达到拆分的目的，在水平滚动条的右端和垂直滚动条的顶端分别有垂直和水平分割按钮，用鼠标拖动分割按钮即可拆分工作表窗口。

7. 冻结窗口

使用"冻结窗格"命令可使表格的标题、表头或左侧的栏名称冻结住，表格内其他内容可滚动显示，这样便于用户查看大表格中的数据。

具体操作：选定作为冻结点的单元格，选择"视图"菜单"窗口"组中的"冻结窗格"命令，则会在所选单元格的上边和左侧各出现一条冻结线，此时移动水平滚动条，所选单元格左侧的所有单元格不会移动；若移动垂直滚动条，所选单元格上边的所有单元格不会移动；这样就能看清与标题距离较远的数据所对应的标题信息了。

若要取消冻结，选择"视图"菜单"窗口"组中的"取消冻结窗格"命令即可。

三、项目案例：美化员工年终实发工资表

1. 打开工作表

打开"员工年终实发工资表"工作表。

2. 设置单元格对齐方式

（1）设置标题"居中"对齐，操作步骤如下。

步骤一：选中标题"2011年12月份实发工资表"所在的区域A1：H1。

步骤二：单击"开始"菜单中"对齐方式"组中的"合并居中"按钮" "。

（2）设置表头文字居中，操作步骤如下。

步骤一：选中表头。

步骤二：单击"开始"菜单中"对齐方式"组中的"居中"按钮" "。

（3）设置"编号""工号""姓名"所在列的数据居中对齐，操作步骤如下。

步骤一：选中3列内数据。

步骤二：单击"开始"菜单中"对齐方式"组中的"居中"按钮" "。

3. 设置字体格式

（1）设置标题。标题字体为黑体、24号、加粗，颜色为蓝色。具体的操作步骤如下。

步骤一：选中标题文字"2011年12月份实发工资表"。

步骤二：利用"开始"菜单中"字体"组中的"字体"命令或者右键快捷菜单中的"设置单元格格式"命令，打开"设置单元格格式"对话框，选择"字体"选项卡。

步骤三：在"字体"列表中单击"黑体"，在"字形"列表中单击"粗体"，在"字号"列表中单击"24"，单击"颜色"下拉按钮选择"蓝色"。

步骤四：单击"确定"按钮。

（2）同理设置表头宋体、14号、加粗。

（3）其余数据设置为宋体、12号。

4. 调整行高和列宽

步骤一：选中表格中所有数据。

步骤二：选择"开始"菜单"单元格"组中"格式"命令下的"最适合行高"命令，将其设置为最适合的行高。同理设置最适合列宽。

5. 设置底纹

步骤一：选中标题单元格。

步骤二：在"设置单元格格式"对话框中，单击"图案"标签,单击"颜色"中的"淡蓝"色。

步骤三：单击"确定"按钮。

6. 添加单元格或表格边框

步骤一：选中表格中所有数据区域。

步骤二：在"设置单元格格式"对话框中，单击"边框"标签。

步骤三：在"线条样式"选项中单击"细实线"样式，在"预置"选项中单击" "按钮，为表格添加内部框线。

步骤四：选中 A2：I2 内容区域，选择"边框"项中的"⊞"按钮，去除这个区域内的所有内部边线。

步骤五：再在"线条样式"选项中单击"粗实线"样式，在"预置"选项中单击"□"按钮，为表格添加外部框线，单击"确定"按钮。

注意：若要取消表格边框线，按"⊞"按钮，则取消全部边框线。若部分取消，则需要按"边框"项中对应的线条按钮，如"□"等。

7. 修改工作表名称

步骤一：选择当前工作表。

步骤二：在右键快捷菜单中选择"重命名"命令，将工作表的名称改为"员工年终实发工资表"。

8. 拆分窗口

选中 C6 单元格，选择"视图"菜单中"窗口"组中的"拆分"命令，将窗口拆分。

9. 保存

表格格式设置完毕后保存，得到的工作表如图 4-27 所示。

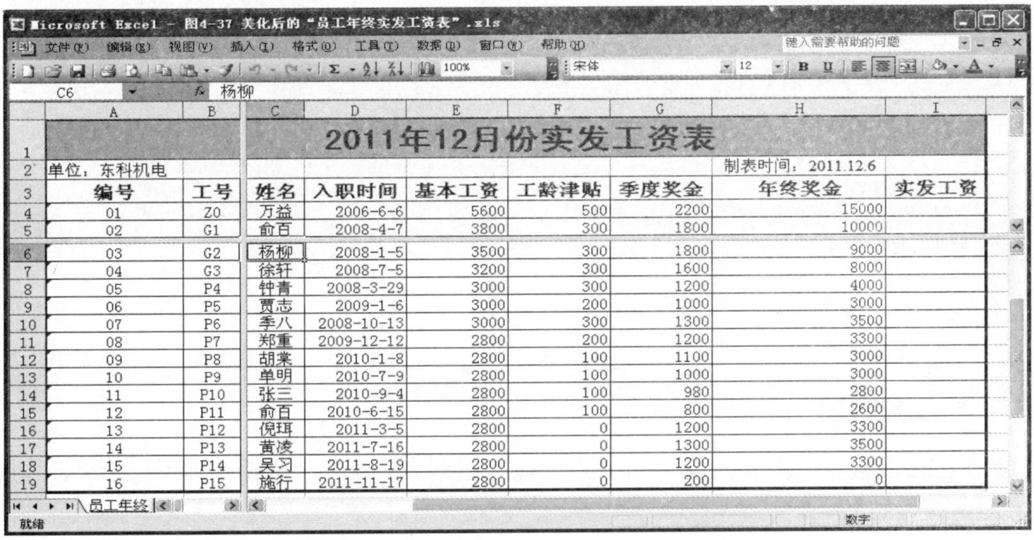

图 4-27　美化后的"员工年终实发工资表"

四、巩固练习：制作商品销售统计表

1. 操作要求

（1）打开之前制作的"商品销售统计表"工作簿，将工作表名称重命名为"2011 年 10 月份销售统计表"。

（2）将标题"2011 年 10 月份商品销售统计表"的格式设置为楷体、加粗、24 号、合并后居中。

（3）表头文字设置为仿宋体、14号、加粗，其余数据均为宋体、9号。

（4）利用工具栏按钮为"单价"所在列的数字设置"货币样式"，无小数，负数第四种。

（5）调整行高与列宽，使它们以"最合适的行高"与"最合适的列宽"显示。

为表格设置网格边框线，外边框线为双线，内边框线为细实线。

（6）为表格添加淡紫色底纹。

2. 效果展示

美化后的"商品销售统计表"的制作效果如图4-28所示。

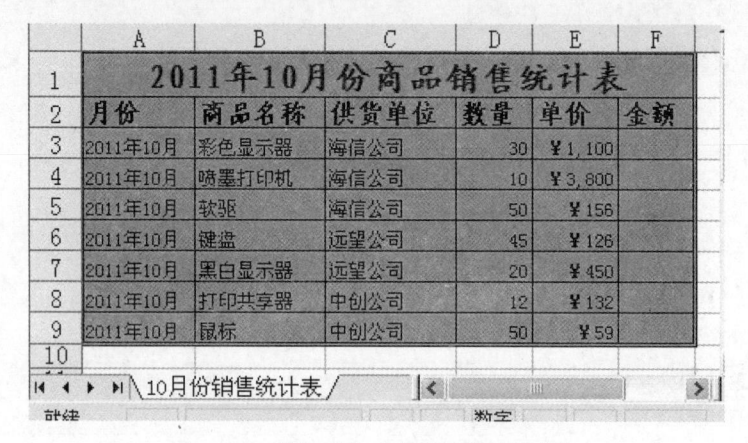

图4-28 美化后的"商品销售统计表"

五、知识拓展

1. 怎样删除底纹

操作方法：选中要删除底纹的区域，在"开始""填充颜色"中选择"填充颜色"，再单击"确定"按钮。

2. 怎样隐藏行或者列

操作方法：首先选定要隐藏的行或列，再在右键快捷菜单中选择"隐藏"命令，选定的行或列就被隐藏了。

第三节 数据计算与分析

一、公式的使用

在Excel中所有的公式都必须以"="开头，"="后面是参与计算的运算数和运算符。

1. Excel 中的运算符

在 Excel 中，可以进行算术运算、关系运算、字符运算等操作，常用的运算符，见表 4-3。

关系运算符也叫比较运算符，运算公式返回的计算结果为 TRUE（真）或 FALSE（假）。

文本运算符 &（连接）可以将两个文本连接起来，其操作数可以是带引号的文字，也可以是单元格地址。例如，A2 单元内容为 "河北旅游职业学院"，B2 单元格内容为 "信息技术系"，要使 C2 单元格中得到 "河北旅游职业学院信息技术系"，则公式为 =A2 & B2。

表 4-3 常用运算符分类表

种类	操作符	含义	种类	操作符	含义
算术运算符	+	加	关系运算符	=	等于
	-	减		<	小于
	*	乘		>	大于
	/	除		<>	不等于
	%	百分号		<=	小于或等于
	^	乘幂		>=	大于或等于
	( )	括号	文本运算符	&	文字连接

2. 优先级别

当多个运算符同时出现在公式中时，Excel 对运算符的优先级做了严格规定，由高到低各运算符的优先级是冒号、逗号、空格、负号（如 -1）、%（百分比）、^（乘幂）、* 和 /（乘和除）、+ 和 -（加和减）、&（连接符）、比较运算符。

3. 公式的输入与编辑

输入公式的方法如下。

（1）单击需要输入公式的单元格。

（2）在选定的单元格中输入等号 "="，也可单击 "编辑栏" 中的 "=" 按钮。

（3）输入公式内容。如果计算中用到单元格中的数据，可以用鼠标单击所需引用的单元格，也可在光标处直接键入单元格的地址。

（4）公式输入完后，按 "Enter" 键，Excel 会自动计算并将计算结果显示在单元格中，公式内容显示在编辑栏中。双击单元格，可对公式进行编辑修改。

4. 公式的复制

输入后的公式不仅可以进行编辑和修改，为了完成快速计算，还可以将公式复制到其他单元格。公式复制的方法通常有以下两种。

方法一：使用填充柄。选定含有公式的单元格，拖动该单元格的填充柄，可完成相邻单元格公式的复制，这是公式复制最常用、最快速的方法。

方法二：使用命令。选定含有公式的单元格，单击右键"复制"命令，选定目标单元格区域，单击"粘贴"命令，即可完成公式的复制。

5. 单元格地址的引用

Excel 中，根据计算的要求，对单元格的地址的引用分为相对引用、绝对引用、混合引用三种。

（1）相对引用。单元格地址的相对引用是指当复制公式的目标单元格地址发生变化时，它所引用的单元格地址也会发生相应的变化。相对引用的形式为单元格地址本身，如 A1、C6 等。

相对引用时，被复制的公式不是照搬原来单元格的地址，而是根据目标单元格的变化推算出公式中单元格地址相对原位置的变化，使用变化后的单元格地址的内容进行计算。

（2）绝对引用。单元格地址的绝对引用是指当复制公式的目标单元格地址发生变化时，它所引用的单元格地址不发生变化。绝对引用的形式为分别在单元格地址列标和行号的前面加上"$"，就像一把锁，将单元格地址的行号和列标锁定，公式不管被复制到哪个单元格，永远是照搬原来单元格的地址，如 D6、A4 等。

（3）跨工作表的单元格地址引用。

单元格地址的一般形式为 [工作簿文件名] 工作表名！单元格地址。当前工作簿的各工作表单元格地址可以省略 "[工作簿文件名]"。当前工作表单元格的地址可以省略 "工作表名！"。例如，在工作表 "Sheet1" 单元格 A4 中的公式为 "= A2*Sheet2!A2"，表示当前工作表 "Sheet1" 中单元格 A2 与当前工作簿中 "Sheet2" 工作表的单元格 A2 相乘的结果，存入当前工作表的单元格 A4 中。

注意：在输入公式的过程中，要使用英文状态下的各种符号，不区分大小写字母。

二、函数

函数是一个预先定义好的内置公式，利用函数可以方便地进行计算。所有函数都包含函数名、参数和圆括号三部分。

1. 函数形式

函数的一般形式为函数名（[参数 1]，[参数 2]……）。

函数名由 Excel 2010 提供，函数名中的大小写字母等价，函数的参数是可选项，可以有一个或多个参数，也可以没有参数，但函数名后的一对圆括号是必须保留的，多个参数由英文逗号分隔，参数可以是常数、单元格地址、单元格区域、单元格区域名称或函数等。

2. 函数的输入

（1）手工输入。先在单元格或公式编辑栏中输入 "="，然后输入函数。

（2）利用"公式"选项卡中"函数库"组中的"自动求和"按钮"Σ▼"。

"自动求和"按钮中包括求和、平均值、计数、最大值和最小值等计算按钮。单击相应按钮Excel 2010将自动对活动单元格上方或左侧的数据进行求和、平均值、统计个数、最大值和最小值等计算。自动计算既可以计算相邻的数据区域，也可以计算不相邻的数据区域。

使用"自动求和"按钮"Σ▼"时，可以先选定数据区域，再单击"自动求和"按钮"Σ▼"，计算的结果会自动放在数据区域末端的单元格中；也可以先单击存放结果单元格，再单击"自动求和"按钮"Σ▼"，Excel将自动向左或向上寻找数据区域，如果自动选择的数据区域（虚线框住的部分）符合要求，则按下"Enter"键确认，否则用鼠标选择数据区域。

（3）利用函数向导。

①插入函数的单元格。

②单击"公式"选项卡中的"插入函数"命令按钮"fx"，打开"插入函数"对话框，如图4-29所示。

③在"选择类别"列表框中选择合适的函数类型，再在"选择函数"列表框中选择所需的函数名。

④单击"确定"按钮，将打开所选函数的公式选项板对话框，如图4-30所示为求平均值的函数公式选项板。它显示了该函数的函数名，它的每个参数以及参数的描述和函数的功能。

⑤根据提示输入每个参数值。

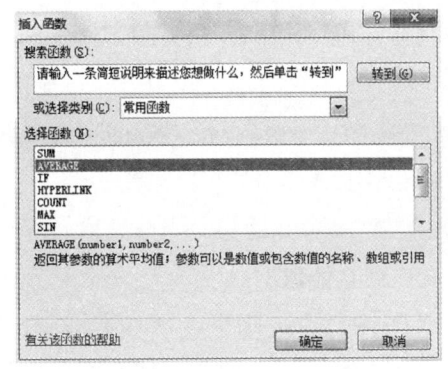

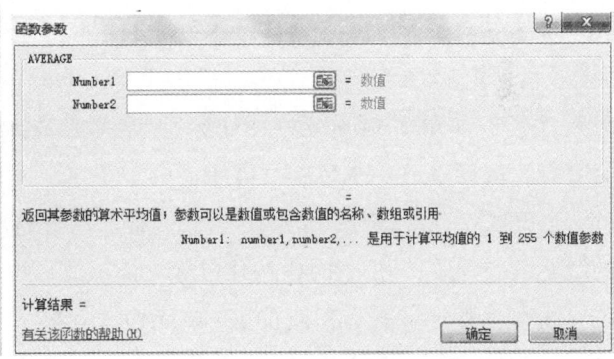

图4-29　"插入函数"对话框　　　　图4-30　平均值函数向导

3.常用函数

在Excel中，经常用到的一些函数，见表4-4。

表 4-4 常用函数列表

函 数	格 式	功 能
SUM	=SUM（Number1，Number2，…）	返回单元格区域中所有数字的和
AVERAGE	=AVERAGE（Number1，Number2，…）	计算所有参数的算术平均值
COUNT	=COUNT（Value1，Value2，…）	计算参数表中的数字参数和包含数字的单元格的个数
MAX	=MAX（Number1，Number2，…）	返回一组参数中的最大值，忽略逻辑值及文本字符
MIN	=MIN（Number1，Number2，…）	返回一组参数中的最小值，忽略逻辑值及文本字符
COUNTIF	COUNTIF（Range，Criteria）	计算某个区域中满足给定条件单元格的数目

三、项目案例：制作员工工资表

1. 制作工资表

新建名为"员工工资表.xLsx"的工作簿，输入"编号""工号""姓名""入职时间""基本工资""工龄津贴""效益奖金""岗位补贴""话费补贴"等列的原始数据。所有数值设为 1 位小数位。

2. 公式计算

用简单公式计算"养老保险""医疗保险项""应发工资""实发工资"等项，并填充相应列。

步骤一：选定计算养老保险的 J4 单元格。

步骤二：在该单元格中输入"="。

步骤三：接着在"="后输入"( )"，光标置于"( )"中，接着单击 E4 单元格，输入"+"；再单击 F4 单元格，输入"+"；再单击 G4 单元格，输入"+"；再单击 H4 单元格，输入"+"；再单击 I4 单元格；光标置于"( )"之外，输入"*0.08"，按"Enter"键。此时公式编辑栏显示 =(E4+F4+G4+H4+I4)*0.08，J4 单元格中显示出计算结果为 664。

步骤四：利用填充功能进行公式复制。将光标定位在 J4 单元格中，当单元格右下角的填充柄变为"+"形状时，按住鼠标左键不放，填充该列其他数据。

同样步骤计算医疗保险的 K4 单元格，其公式为（E4+F4+G4+H4+I4）*0.02，并填充该列其他数据；计算应发工资 L4 单元格，其公式为 E4+F4+G4+H4+I4，并填充该列其他数据；计算实发工资 M4 单元格，其公式为 E4+F4+G4+H4+I4-J4-K4，并填充该列其他数据。

3. 使用函数求基本工资的平均值

步骤一：选定基本工资平均值所在单元格 E16。

步骤二：在"公式"选项卡中，单击"插入函数"按钮"fx"。

步骤三：选择函数"AVERVGE( )"，在"函数参数"对话框中的"Number1"文本框中输入待求平均值的单元格 E4：E15，或利用折叠窗口按钮" "直接到工作表中选取单元格区域 E4 : E15，最后单击“确定”按钮。

步骤四：填充其他项平均值。

4. 使用函数求基本工资的总计

同样道理利用“SUM( )”函数在 E17 中求基本工资单元格的总计值并填充。

5. 设置表格边框

设置表格外边框先为粗实线，内边框线为细实线，标题字号为 12 号，其余单元格数据全部设为 9 号字。调节行高和列宽均为最合适行高、列宽。

6. 打印设置

步骤一：打开“页面布局”菜单“页面设置”组中“纸张方向”命令的“横向”选择；“页边距”标签中调整“左”为 5.4，其余采用默认值。

步骤二：打印预览，通过“打印预览”按钮，进入到打印预览窗口，查看打印效果。单击“关闭”按钮退出。

完成上述步骤后，保存，得到如图 4–31 所示的工作表。

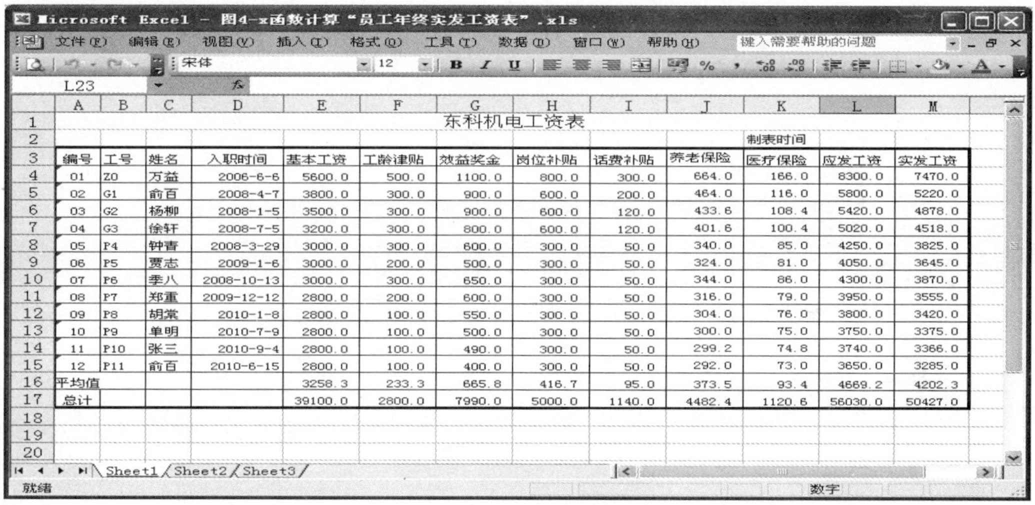

东科机电工资表

										制表时间		
编号	工号	姓名	入职时间	基本工资	工龄津贴	效益奖金	岗位补贴	话费补贴	养老保险	医疗保险	应发工资	实发工资
01	Z0	万益	2006-6-6	5600.0	500.0	1100.0	800.0	300.0	664.0	166.0	8300.0	7470.0
02	G1	俞百	2008-4-7	3800.0	300.0	900.0	600.0	200.0	464.0	116.0	5800.0	5220.0
03	G2	杨柳	2008-1-5	3500.0	300.0	900.0	600.0	120.0	433.6	108.4	5420.0	4878.0
04	G3	徐轩	2008-7-5	3200.0	300.0	800.0	600.0	120.0	401.6	100.4	5020.0	4518.0
05	P4	钟青	2008-3-29	3000.0	300.0	600.0	300.0	50.0	340.0	85.0	4250.0	3825.0
06	P5	贾志	2009-1-6	3000.0	200.0	500.0	300.0	50.0	324.0	81.0	4050.0	3645.0
07	P6	季八	2008-10-13	3000.0	300.0	650.0	300.0	50.0	344.0	86.0	4300.0	3870.0
08	P7	郑重	2009-12-12	2800.0	200.0	600.0	300.0	50.0	316.0	79.0	3950.0	3555.0
09	P8	胡棠	2010-1-8	2800.0	100.0	550.0	300.0	50.0	304.0	76.0	3800.0	3420.0
10	P9	单明	2010-7-9	2800.0	100.0	500.0	300.0	50.0	300.0	75.0	3750.0	3375.0
11	P10	张三	2010-9-4	2800.0	100.0	490.0	300.0	50.0	299.2	74.8	3740.0	3366.0
12	P11	俞百	2010-6-15	2800.0	100.0	400.0	300.0	50.0	292.0	73.0	3650.0	3285.0
平均值				3258.3	233.3	665.8	416.7	95.0	373.5	93.4	4669.2	4202.3
总计				39100.0	2800.0	7990.0	5000.0	1140.0	4482.4	1120.6	56030.0	50427.0

图 4–31　员工工资表

四、巩固练习：制作学生成绩统计表

1. 操作要求

（1）新建一个工作簿，保存为“学生成绩统计表”。

（2）按图 4–32 所示输入“学号”“姓名”“平时”“期中”“期末”等项的数据。

（3）用公式计算“总分”项，并填充。

（4）利用函数计算“平均分”“学期分”“等级分”，并填充。

（5）按图位置用函数计算出各项对应的“最高分”“最低分”“考试人数”及各分数段间的人数情况。

求"等级分"可利用"IF( )"。成绩大于等于 85 为优，小于 60 为不及格，小于 70 为及格，其余为良，如 =IF(I4>=85，"优"，IF(I4<60，"不及格"，IF(I4>=70，"良"，IF(I4<70，"及格"))))；统计各分数段人数采用"COUNTIF( )"，如 =COUNTIF(D4:D13，">=85")。

（6）设置表格外边框先为粗实线，内边框线为细实线，标题字号为 12 号，其余单元格数据全部设为 9 号字，"平均分"和"学期分"对应数据保留两位小数，所有数据均居中显示。调节行高和列宽均为最合适行高、列宽。

2. 效果展示

学生成绩统计表的制作效果如图 4-32 所示。

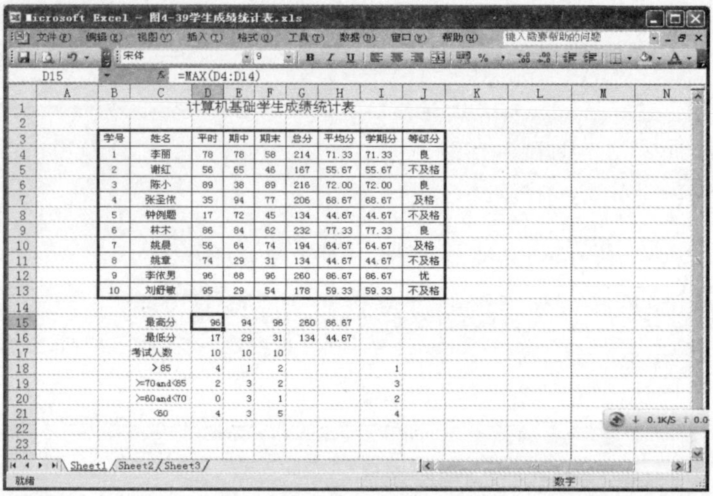

图 4-32　学生成绩统计表

四、知识拓展

公式中会发生哪些错误？

在 Excel 中，如果公式不能正确计算出结果，将显示一个错误值。常见错误及产生的原因见表 4-5。

表 4-5　公式中常见的错误值及产生的原因

错误值	产生原因
####	单元格的宽度不够，无法显示计算结果
#DIV/0！	除数为零，当公式被空单元格除时，也会产生此错误
#VALUE!	公式中含有一个错误类型的参数或操作数
#NAME?	公式中引用了一个无法识别的名称，若删除一个公式中正在使用的名称时，会产生此错误
#N/A	公式中有无用的数值或缺少函数参数
#REF!	公式中引用了一个无效的单元格，如公式中的单元格被删除了，会出现此错误

续 表

错误值	产生原因
#NUM!	在需要数字参数的函数中使用了不正确的参数，或公式中计算结果的数字太小或太大
#NULL!	使用了不正确的区域运算符或者不正确的单元格引用

第四节 数据处理

一、数据清单

在 Excel 2010 中可以通过一个数据清单来管理数据。数据清单是指包含一组相关数据的一系列工作表格数据。当数据被组织成一个数据清单之后，用户就能够以数据库的方式来管理数据，进行数据的查询、排序、筛选以及分类汇总等操作。

1. 建立数据清单

数据清单（或称为数据表）由标题行和数据部分组成。清单中的列看成是数据库的字段，清单中的列标题被看成是数据库的字段名，清单中的每一行被看成是数据库中的一条记录，如图 4-33 所示。

数据清单可以直接在单元格中输入，也可以使用"记录单"命令。具体操作如下。

（1）选定要建立数据清单的工作表。

（2）在数据清单的第一行，输入数据清单标题行内容。如"商品名称""供货单位""购货日期""数量""单价""金额"等。

（3）将光标定位到标题行或下一行中的任意单元格中。然后选择"数据"下拉菜单中的"记录单"命令，由于数据清单中没有数据，系统会给出一个提示框，单击"确定"按钮，弹出"记录单"对话框，如图 4-34 所示。

图 4-33 数据清单示例　　图 4-34 "记录单"对话框

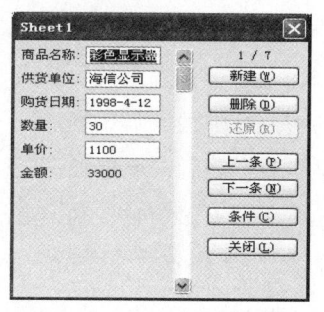

（4）在"记录单"中显示有各字段名称和相应的字段内容文本框，在文本框中输入第一个记录各字段内容，输入过程中可按"Tab"键、"Shift+Tab"键在各字段之间移动光标

或用鼠标单击需要编辑的字段。单击"新建"按钮,第一个记录数据将添加到数据清单中,同时记录单各文本框内容为空。

（5）用同样的方法输入其他记录数据,在输入数据的过程中,如果要取消正在输入的数据,可单击记录单中的"删除"按钮。

（6）全部数据输入完成后,单击记录单中的"关闭"按钮。

在记录单中使用查找条件可以查询记录,在"记录单"对话框中单击"条件"按钮,在相关的字段中输入条件值,则显示符合条件的第一条记录。单击"下一条"按钮,向下查找相匹配的记录,单击"上一条"按钮,向上查找相匹配的记录。如图4-35所示。

图4-35 记录单的"条件"对话框

创建数据清单时应遵循以下原则。

（1）一般情况下,一张工作表建立一张数据表。

（2）在数据清单的第一行建立各列标题,同一列数据的类型应一致。

（3）数据清单的数据区不能出现空白行或列,不能使用合并单元格。

（4）数据清单的数据与工作表中的其他数据之间至少留出一个空白行和一个空白列。

2. 编辑记录

数据清单创建完成后,可以直接在工作表中对记录进行修改、添加、查找、删除和移动等操作。

（1）修改、删除记录。首先选定要修改、删除的记录,然后直接编辑有关单元格的数据或删除选定的行即可。

（2）添加记录。首先定位要插入记录的位置,利用"插入"菜单中的"行"命令,然后在插入的空白行中输入新数据。

如果是在数据表的末尾追加记录,则可以直接在最后一条记录的下一行中输入数据。

注意：对于记录的编辑修改,也可以利用"数据"菜单中的"记录单"命令。

二、数据排序

排序就是根据数据清单中的一列或几列数据的大小对各记录进行重新排列顺序。排序有升序和降序两种。排序的依据字段称为关键字,有时关键字不止一个,Excel 2010最多可指定三个关键字,分别是"主要关键字""次要关键字"和"第三关键字",用户可根据需要选择。

1. 排序规则

在按升序排序时，Excel 使用如下排列次序。在按降序排序时，则使用相反的次序。

（1）数字值。按从最小的负数到最大的正数进行排序。

（2）日期值。按从最早的日期到最晚的日期进行排序。

（3）文本值。文本及包含数字的文本按以下次序排序：0 1 2 3 4 5 6 7 8 9（空格）！” # ￥ % &（ ）* ，. / : ; ? @ [\ ] ^ _ ‘ { | } ~ + < = > A B C D E F G H I J K L M N O P Q R S T U V W X Y Z。

（4）逻辑值。False 排在 True 之前。

（5）错误值。所有的错误值将以初始值顺序排列。

（6）空白单元格。无论是按升序还是降序排序，空白单元格总是放在最后。

2. 简单排序

当仅仅需要对数据表中的某一列数据进行排序时，只需单击此列中的任一单元格，然后单击“数据”菜单中“排序和筛选”组中的“升序”“ ”和“降序”“ ”按钮即可。例如，要求对“商品销售统计表”数据清单按关键字“数量”升序排序。其操作步骤如下。

（1）单击单元格区域 E4：E10 中的任一单元格。

（2）单击“降序”按钮，即可完成要求的排序，如图 4–36 所示。

商品销售统计表

商品名称	供货单位	购货日期	数量	单价	金额
软驱	海信公司	1998-4-20	50	156	7800
鼠标	中创公司	1998-4-12	50	58.5	2925
键盘	远望公司	1998-4-12	45	125.5	5647.5
彩色显示器	海信公司	1998-4-12	30	1100	33000
黑白显示器	远望公司	1998-4-20	20	450	9000
打印共享器	中创公司	1998-4-20	12	132	1584
喷墨打印机	海信公司	1998-4-12	10	3800	38000

图 4–36　按数量“降序”排序结果

3. 复杂排序

有时需要指定多个关键字段进行排序，在“主要关键字”相同的情况下，软件会自动按“次要关键字”排序，如果“次要关键字”也相同，则按“第三关键字”排序。

例如，要求对“商品销售统计表”数据清单按主要关键字“数量”的递减次序和次要关键字“单价”的递增次降序进行排序。

（1）单击数据清单区域的任一单元格，单击“数据”菜单中“排序和筛选”组中的“排序”命令，出现“排序”对话框，同时整个数据清单区域被选定，如图 4–37 所示。

（2）在“主要关键字”下拉列表框中选择“数量”，选择“降序”单选框；然后单击“添加条件”在“次要关键字”下拉列表框中向这些“单价”，选择“降序”单选框；默认“有标题行”单选框被选择，单击“确定”按钮，排序后的结果如图 4–38 所示。

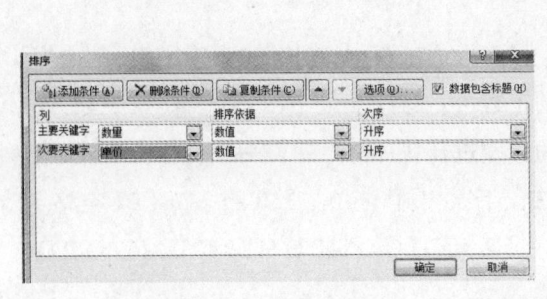

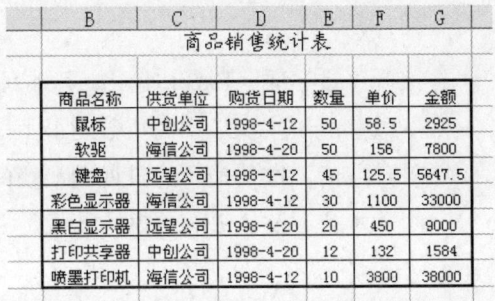

图 4-37 "排序"对话框　　　图 4-38 按"数量"降序和"单价"升序排序结果

在"排序"对话框中，利用"选项"按钮，可以进行自定义次序排序，即按照用户自己定义好的次序进行排序，也可以选择按行或按列，以及是否区分大小写等选项进行排序。

4. 恢复排序

如果用户希望经过多次排序后仍能恢复原来的数据清单，排序前可以在数据清单中增加一个"记录号"字段，在该列中输入一个数字序列 1、2、3……，经过多次排序后只要按"记录号"字段升序排列即可恢复到排序前的数据清单。

三、数据筛选

使用 Excel 筛选功能，可以把不符合设置条件的数据记录暂时隐藏起来，只显示符合条件的记录。利用"数据"中的"筛选"命令，可以进行自动筛选、高级筛选和数据的全部显示。

1. 自动筛选

自动筛选是根据给定的条件，将满足条件的记录显示在工作表中，不满足条件的记录隐藏起来，并未被真正删除，当筛选条件取消时，这些数据又重新显示出来。

根据筛选条件的不同，自动筛选可以利用列标题的下拉列表框，也可以利用"自定义自动筛选方式"对话框进行。

例如，要求对"商品销售统计表"数据清单进行自动筛选，只显示"供货单位"为"海信公司"的记录。其操作步骤如下。

（1）单击数据清单区域的任一单元格，单击"数据"菜单中"排序和筛选"组中"筛选"命令中的"自动筛选"命令，此时数据清单中每一列的列标题右侧都出现了"自动筛选箭头"按钮。

（2）单击"供货单位"右侧的箭头按钮，弹出一个下拉列表，选择"海信公司"，筛选结果如图 4-39 所示。

可以同时对多列字段设定筛选条件，这些筛选条件之间是"逻辑与"的关系。例如，在上例的基础上，再在"数量"列的下拉列表中选择"自定义"，打开"自定义自动筛选方式"对话框，如图 4-40 所示。在"数量"一栏中输入"大于"，后面对话框中输入"30"，则筛选后只是显示的海信公司数量大于 30 的记录。筛选结果如图 4-41 所示。

如果要取消某一个筛选条件，可在其下拉列表中选择"全部"选项即可，有关下拉列表中的选项说明见表 4-6。

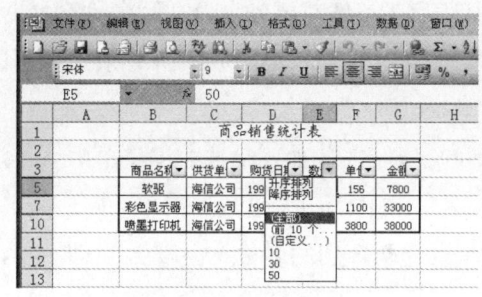

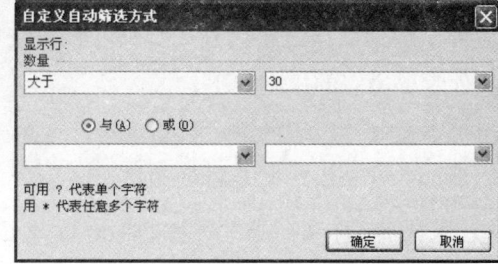

图 4-39 自动筛选　　　　　　　　图 4-40 "自定义自动筛选方式"对话框

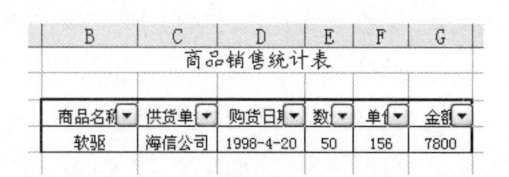

图 4-41 自定义筛选结果

表 4-6　自动筛选条件选项

选　项	说　明
降序排列	按照该列标题降序显示所有记录
升序排列	按照该列标题升序显示所有记录
全部	显示该列标题的全部记录
前 10 个	出现"自动筛选前 10 个"的对话框，可以指定显示项的百分比或项的数目，并选择从数据清单的顶端或底端显示
自定义	出现"自定义自动筛选方式"的对话框，用户可以建立"与"或"或"关系的筛选条件
确切值	显示数据清单等于该"确切值"的记录
空白	显示该列中含有空白单元格的记录

2. 取消自动筛选

单击"数据"菜单中"筛选"命令中的"全部显示"命令即可显示全部记录，但各列标题右侧的自动筛选箭头按钮仍然存在。在取消自动筛选，可再次选择"数据"菜单中的"自动筛选"命令。

3. 高级筛选

Excel 2010 提供高级筛选方式，主要用于多字段条件的筛选。在自动筛选中，每次只能针对一个字段，要对多字段进行筛选，必须多次实现。而用高级筛选一次就能完成。

143

在进行高级筛选之前，必须在数据清单以外的区域构建条件区域，通常在数据清单前插入若干行作为条件区域，空行的个数以能容纳条件为限。

高级筛选的关键在于正确书写筛选条件，书写筛选条件时要先划分一片条件区域，条件区域可以选择数据清单以外的任何空白处，只要空白的空间足以放下所有条件就可以。书写条件时要遵守的规则如下。

（1）要在条件区域的第一行写上条件中用到的字段名，比如要筛选数据清单中"年龄"在30岁以上，"学历"为本科的职员，其中"年龄"和"学历"是数据清单中对应列的列名，称作字段名，那么在条件区域的第一行一定是写这两个列的名称（字段名），即"年龄"和"学历"，而且字段名一定要写在同一行。

（2）在字段名行的下方书写筛选条件，条件的数据要和相应的字段在同一列，比如上例中年龄为30岁，则"30"这个数据要写在条件区域中"年龄"所在的列，同时"本科"要写在条件区域中"学历"所在的列。

高级筛选中，在具体写条件时，要分析好条件之间是"与"关系还是"或"关系，如果是"与"关系，这些条件要写到同一行中，如是"或"关系，这些条件要写到不同的行中，也就是说不同行的条件表示或关系，同行的条件表示与关系。

因此上例中"年龄在30岁以上"和"学历是本科"是两个条件，在题目的含义中看出这两个条件要同时成立，是"与"关系，所以条件区域写法如图4-42所示，高级筛选条件在工作表中的书写格式为①（与关系）。

在条件区域中对于两个条件的"与"和"或"的表示方法，图4-42所示。对三个条件甚至更多条件的表示方法依次类推。

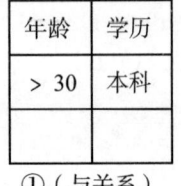

年龄	学历
>30	本科

①（与关系）

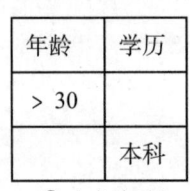

年龄	学历
>30	
	本科

②（或关系）

年龄	年龄
>30	<=40

③（与关系）

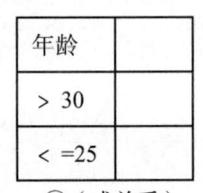

年龄
>30
<=25

④（或关系）

图4-42 高级筛选条件在工作表中的书写格式

①年龄>30并且学历是本科，表示"与"关系。

②年龄>30或学历是本科，表示"或"关系。

③年龄>30并且年龄<=40，表示"与"关系。

④年龄>30或年龄<=25，表示"或"关系。

值得注意的是，条件区应和原数据区至少间隔一行或一列，且在条件区内不能有空行。条件区域中的字段名必须与数据清单中的字段名完全一样，且字段名要连续，下面的行则放置筛选条件。书写条件时用到的符号必须是英文半角符号否则Excel将不会识别。

例如，要求对"商品销售统计表"数据清单进行多字段筛选，显示"供货单位"是"海信公司",并且"数量"大于"40"或者小于"20"的记录。其操作步骤如下。

(1)构建条件区域:在数据清单上面插入 4 行作为条件区域,在条件区域输入筛选条件,如图 4-43 所示。

(2)单击数据清单内的任一单元格,单击"数据"菜单"排序和筛选"组中的"高级筛选"命令,弹出"高级筛选"对话框,如图 4-44 所示。

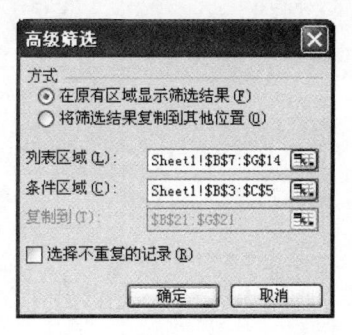

图 4-43 构建条件区域　　　图 4-44 "高级筛选"对话框

(3)在"方式"中选择筛选结果的存放位置;确定"列表区域"和"条件区域",单击"确定"按钮。筛选结果如图 4-45 所示。

图 4-45 高级筛选结果

四、分类汇总

使用 Excel 分类汇总功能可以对同一类中的数据进行统计运算,这将使工作表中的数据变得更加清晰和直观。分类汇总前必须要按照分类的字段排序,否则不能达到分类汇总的目的。

使用"分类汇总"命令,并不需要创建公式,Excel 2010 将自动创建公式、插入分类汇总总和行,并自动分级显示数据,结果数据可以打印出来。在进行分类汇总前,必须先对数据进行排序。

1. 分类汇总

例如,要求对"商品销售统计表"数据清单进行分类汇总,查看各供货单位的销售总额情况,汇总结果显示在数据下方。

(1)首先按关键字"供货单位"升序或降序对数据清单进行排序。

（2）选择"数据"菜单中"分级显示"组中的"分类汇总"命令，出现"分类汇总"对话框，选择分类字段为"供货单位"，汇总方式为"求和"，汇总项为"金额"，选中"汇总结果显示在数据下方"复选框，单击"确定"按钮。

汇总的结果如图4-46所示。

	A	B	C	D	E	F	G
1				商品销售统计表			
2							
3		商品名称	供货单位	购货日期	数量	单价	金额
4		彩色显示器	海信公司	1998-4-12	30	1100	33000
5		喷墨打印机	海信公司	1998-4-12	10	3800	38000
6		软驱	海信公司	1998-4-20	50	156	7800
7			海信公司 汇总				78800
8		键盘	远望公司	1998-4-12	45	125.5	5647.5
9		黑白显示器	远望公司	1998-4-20	20	450	9000
10			远望公司 汇总				14647.5
11		打印共享器	中创公司	1998-4-20	12	132	1584
12		鼠标	中创公司	1998-4-12	50	58.5	2925
13			中创公司 汇总				4509
14			总计				97956.5

图4-46 按"供货单位"分类汇总的结果

汇总后可以对不同类别的明细数据进行分级显示。汇总方式有计数、求和、求平均值、最大值、最小值等。

2. 删除分类汇总

如果要删除已经创建的分类汇总，可在"分类汇总"对话框中单击"全部删除"按钮。

3. 分级显示汇总数据

为方便查看数据，可以将分类汇总后暂时不需要的数据隐藏起来，当需要查看时再显示出来。在显示分类汇总结果的同时，分类汇总表的左侧自动显示分级按钮" 1 2 3 "。利用这些按钮可以进行不同级别的显示，功能如表4-7所示。

表4-7 分级按钮功能

图 标	名 称	功 能
1	级别按钮	显示总的汇总结果及总计数据
2	级别按钮	显示部分数据及汇总结果
3	级别按钮	显示全部数据
+	显示细节按钮	显示分级显示信息
-	隐藏细节按钮	隐藏分级显示信息

单击工作表中左边列表树的"-"号可以隐藏该级的数据信息，此时，"-"号变成"+"号；单击"+"号时，即可将隐藏的数据信息显示出来。也可单击列表树上边的数字，分

级显示数据信息，上例中第 2 级数据的结果如图 4-47 所示，将原始的数据信息隐藏。

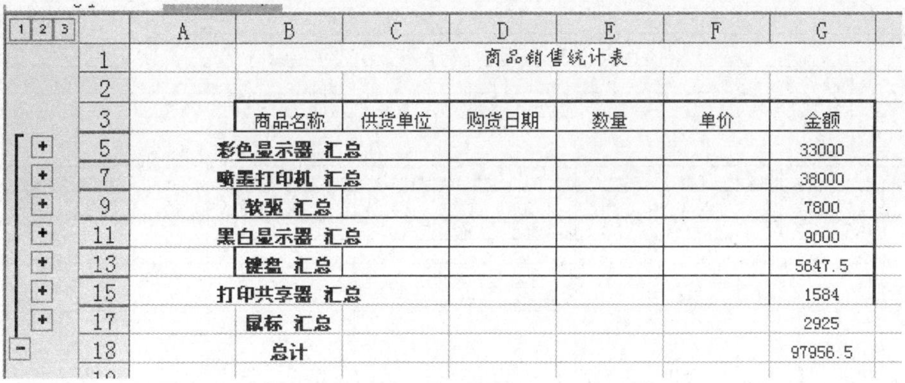

商品销售统计表						
	商品名称	供货单位	购货日期	数量	单价	金额
	彩色显示器 汇总					33000
	喷墨打印机 汇总					38000
	软驱 汇总					7800
	黑白显示器 汇总					9000
	键盘 汇总					5647.5
	打印共享器 汇总					1584
	鼠标 汇总					2925
	总计					97956.5

图 4-47　隐藏原始数据的分类汇总结果

五、项目案例：对员工工资表进行数据处理

1. 修改员工工资表

按照如图 4-48 所示修改员工工资表。

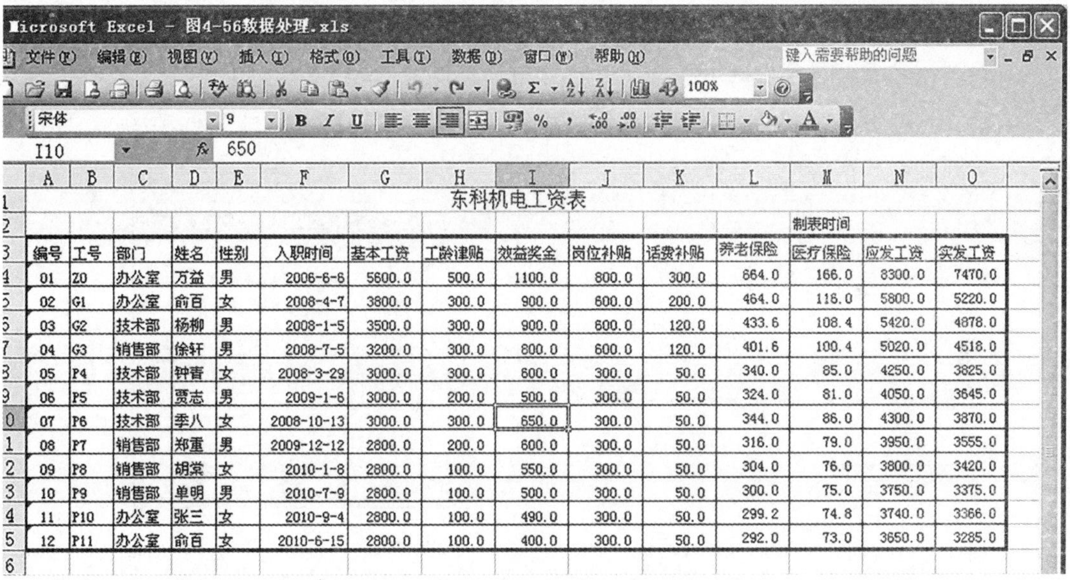

东科机电工资表

制表时间

编号	工号	部门	姓名	性别	入职时间	基本工资	工龄津贴	效益奖金	岗位补贴	话费补贴	养老保险	医疗保险	应发工资	实发工资
01	Z0	办公室	万益	男	2006-6-6	5600.0	500.0	1100.0	800.0	300.0	664.0	166.0	8300.0	7470.0
02	G1	办公室	俞百	女	2008-4-7	3800.0	300.0	900.0	600.0	200.0	464.0	116.0	5800.0	5220.0
03	G2	技术部	杨柳	男	2008-1-5	3500.0	300.0	900.0	600.0	120.0	433.6	108.4	5420.0	4878.0
04	G3	销售部	徐轩	男	2008-7-5	3200.0	300.0	800.0	600.0	120.0	401.6	100.4	5020.0	4518.0
05	P4	技术部	钟青	女	2008-3-29	3000.0	300.0	600.0	300.0	50.0	340.0	85.0	4250.0	3825.0
06	P5	技术部	贾志	男	2009-1-6	3000.0	200.0	500.0	300.0	50.0	324.0	81.0	4050.0	3645.0
07	P6	技术部	季八	女	2008-10-13	3000.0	300.0	650.0	300.0	50.0	344.0	86.0	4300.0	3870.0
08	P7	销售部	郑重	男	2009-12-12	2800.0	200.0	600.0	300.0	50.0	316.0	79.0	3950.0	3555.0
09	P8	销售部	胡棠	女	2010-1-8	2800.0	100.0	550.0	300.0	50.0	304.0	76.0	3800.0	3420.0
10	P9	销售部	单明	男	2010-7-9	2800.0	100.0	500.0	300.0	50.0	300.0	75.0	3750.0	3375.0
11	P10	办公室	张三	女	2010-9-4	2800.0	100.0	490.0	300.0	50.0	299.2	74.8	3740.0	3366.0
12	P11	办公室	俞百	女	2010-6-15	2800.0	100.0	400.0	300.0	50.0	292.0	73.0	3650.0	3285.0

图 4-48　修改后的员工工资表

2. 按部门和实发工资双排序

步骤一：将光标置于清单中。

步骤二：单击“数据”菜单“排序和筛选”中的“排序”命令，在“排序”对话框中，“主要关键字”选择“部门”升序，“次要关键字”选择“实发工资”降序，在“我的数据区域”选择“有标题行”，单击“确定”按钮，排序效果如图 4-49 所示。

图 4-49　排序后效果

3. 高级筛选

筛选出所有男性，基本工资在 3000 元到 5000 元的员工记录。

步骤一：建立筛选条件区域，写出筛选条件，如图 4-50 所示。

步骤二：打开"高级筛选"对话框，如图 4-51 所示，选择"方式"选项中的"将筛选结果复制到其他位置"。

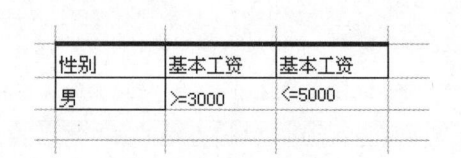

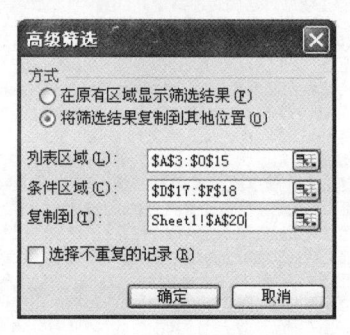

图 4-50　筛选条件区域　　　　图 4-51　"高级筛选"对话框

步骤三：单击"列表区域"右侧的浏览按钮" "，弹出"高级筛选 – 列表区域"对话框，如图 4-52 所示。在"员工工作表"中选择筛选数据区域 A3：O15，再单击" "按钮返回"高级筛选"对话框。

步骤四：单击"条件区域"右侧的浏览按钮" "，选择"条件区域"D17：F18。

步骤五：单击"复制到"右侧的浏览按钮" "，选择"复制到"为从 A20 开始。

步骤六：单击"确定"按钮，筛选效果如图 4-53 所示。

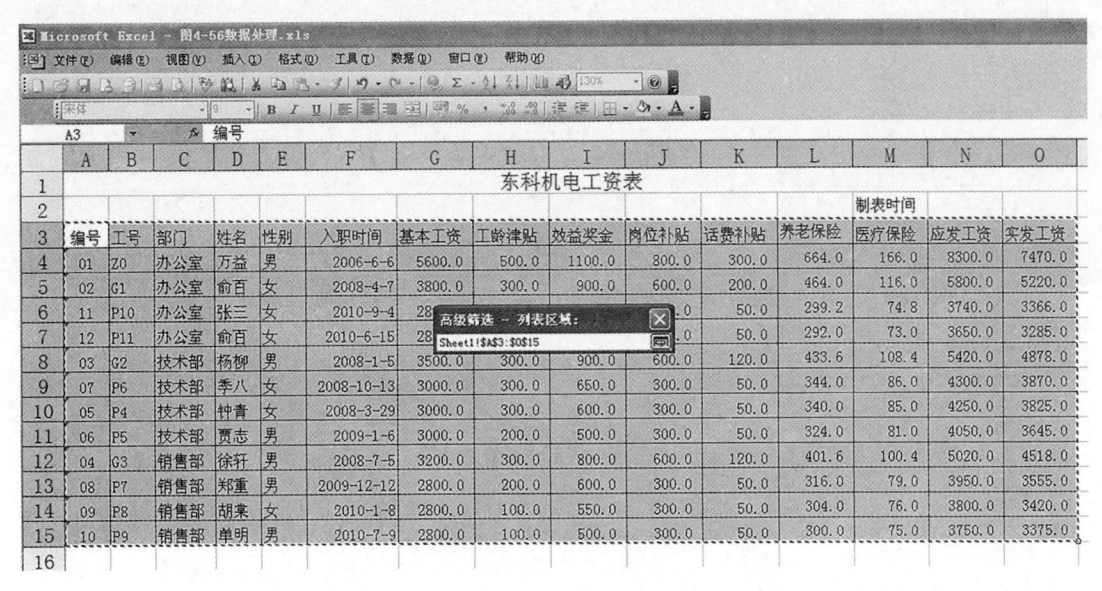

图 4-52 "高级筛选 – 列表区域"对话框

图 4-53 高级筛选结果

4. 分类汇总

按部门排序后，用"分类汇总"的方法，分别得到各部门实发工资的平均值。

步骤一：按分类字段"部门"排序（升序、降序均可）。

步骤二：选定要分类的数据区域 A3：O15（表格标题、有合并单元格的合计不能选中）。

步骤三：选择"数据"菜单中的"分类汇总"命令，出现"分类汇总"对话框，选择分类字段为"部门"，汇总方式为"平均值"，选定汇总项为"实发工资"，选中"汇总结果显示在数据下方"复选框，单击"确定"按钮。

汇总的结果如图 4-54 所示。

六、巩固练习：制作商品销售统计表

操作要求如下。

（1）新建一个工作簿，保存为"销售汇总表"，如图 4-55 所示。

（2）按图 4-55 所示，输入月份、类别、数量、零售价、销售额等项的原始数据。

（3）用公式计算并填充销售额项。

	A	B	C	D	E	F	G	H	I	J	K	L	M	N	O
1							东科机电工资表								
2													制表时间		
3	编号	工号	部门	姓名	性别	入职时间	基本工资	工龄津贴	效益奖金	岗位补贴	话费补贴	养老保险	医疗保险	应发工资	实发工资
4	01	Z0	办公室	万益	男	2006-6-6	5600.0	500.0	1100.0	800.0	300.0	664.0	166.0	8300.0	7470.0
5	02	G1	办公室	俞百	女	2008-4-7	3800.0	300.0	900.0	600.0	200.0	464.0	116.0	5800.0	5220.0
6	11	P10	办公室	张三	女	2010-9-4	2800.0	100.0	490.0	300.0	50.0	299.2	74.8	3740.0	3366.0
7	12	P11	办公室	俞百	女	2010-6-15	2800.0	100.0	400.0	300.0	50.0	292.0	73.0	3650.0	3285.0
8			办公室 平均值												4835.3
9	03	G2	技术部	杨柳	男	2008-1-5	3500.0	300.0	900.0	600.0	120.0	433.6	108.4	5420.0	4878.0
10	05	P4	技术部	钟青	女	2008-3-29	3000.0	300.0	600.0	300.0	50.0	340.0	85.0	4250.0	3825.0
11	06	P5	技术部	贾志	男	2009-1-6	3000.0	200.0	500.0	300.0	50.0	324.0	81.0	4050.0	3645.0
12	07	P6	技术部	李八	女	2008-10-13	3000.0	300.0	650.0	300.0	50.0	344.0	86.0	4300.0	3870.0
13			技术部 平均值												4054.5
14	04	G3	销售部	徐轩	男	2008-7-5	3200.0	300.0	800.0	600.0	120.0	401.6	100.4	5020.0	4518.0
15	08	P7	销售部	郑重	男	2009-12-12	2800.0	200.0	600.0	300.0	50.0	316.0	79.0	3950.0	3555.0
16	09	P8	销售部	胡常	女	2010-1-8	2800.0	100.0	550.0	300.0	50.0	304.0	76.0	3800.0	3420.0
17	10	P9	销售部	单明	男	2010-7-9	2800.0	100.0	500.0	300.0	50.0	300.0	75.0	3750.0	3375.0
18			销售部 平均值												3717.0
19			总计平均值												4202.3

图 4-54　分类汇总结果

销售汇总表				
月份	类别	数量	零售价	销售额
三月	磁盘	154	13.5	2079
一月	磁盘	141	14.5	2044.5
六月	磁盘	132	13.5	1782
五月	磁盘	125	13.4	1675
二月	光盘	123	19	2337
一月	光盘	111	18.4	2042.4
二月	光驱	46	452.9	20833.4
五月	光驱	46	445.6	20497.6
三月	光驱	45	430.5	19372.5
六月	光驱	41	458.7	18806.7
四月	光驱	23	399.5	9188.5
一月	软驱	23	218	5014
四月	软驱	20	220	4400

图 4-55　"销售汇总表"原表

销售汇总表				
月份	类别	数量	零售价	销售额
一月	磁盘	141	14.5	2044.5
一月	软驱	23	218	5014
一月	光盘	111	18.4	2042.4
二月	光盘	123	19	2337
二月	光驱	46	452.9	20833.4
三月	磁盘	154	13.5	2079
三月	光驱	45	430.5	19372.5
四月	软驱	20	220	4400
四月	光驱	23	399.5	9188.5
五月	磁盘	125	13.4	1675
五月	光驱	46	445.6	20497.6
六月	磁盘	132	13.5	1782
六月	光驱	41	458.7	18806.7

图 4-56　排序后的效果

（4）按"类别"为主要关键字升序，"数量"为次要关键字进行降序、排序，如图 4-56 所示。

（5）高级筛选出"类别"是"光驱"，数量在 45 个以上和 30 个以下的记录，筛选条件和效果如图 4-57 所示。

（6）按照"类别"对销售额总和进行分类汇总，如图 4-58 所示。

七、知识拓展

1. 设置筛选条件区域时应注意什么

条件区应和原数据区至少间隔一行或一列，且在条件区内不能有空行。筛选条件中用到的字段名要与原工作表中的字段名完全匹配，为了确保完全正确，应采用单元格复制的方法将字段名复制到条件区域中，防止出错。

2. 比较运算符

高级筛选中可以使用下列运算符比较两个值。当使用这些运算符比较两个值时，书写格式见表 4-8。

图 4-57 高级筛选效果和筛选条件　　　　图 4-58 分类汇总后的效果

表 4-8 比较运算符

比较运算符	含　义	示　例
=（等号）	等于	A1=B1
>（大于号）	大于	A1>B1
<（小于号）	小于	A1<B1
>=（大于等于号）	大于或等于	A1>=B1
<=（小于等于号）	小于或等于	A1<=B1
<>（不等号）	不等于	A1<>B1

第五节　图表与数据透视表

一、图表的基本知识

Excel 中的图表是指将工作表中的数据用图形表示出来。使用 Excel 图表能够使数据更加直观，易于阅读和评价，可以帮助用户分析和比较工作表中相关的数据。

图表中常用的名词术语，如图 4-59 所示。

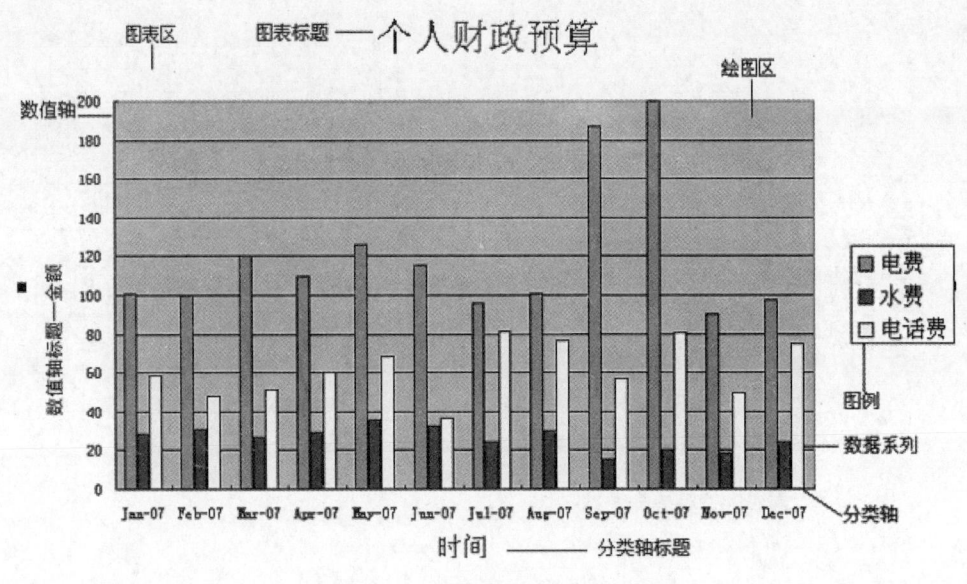

图 4-59 图表中主要元素名称

（1）图表数据系列和图例。

图表的数据起源于工作表的行或列，它们被按行或按列分组而构成各个数据系列。各数据系列的颜色各不相同，图案也各不相同。如果按行定义数据系列，那么每一行上的数据就构成一个数据系列，用同一种颜色表示；如果按列定义数据系列，那么每一列上的数据就构成一个数据系列，用同一种颜色表示。

（2）数据标记。

数据标记是用来表示数据大小的图形。在本例中，柱形的高度就表示出数据的大小。

（3）分类轴。

坐标的 x 轴代表水平方向，常用来表示时间或种类，因此称为分类轴。

（4）数值轴。

y 轴代表垂直方向，表示数值的大小，因此称为数值轴。

（5）图例。

用于标示图表中每一列即数据系列。

（6）标题。

一般情况下每一个图表都有一个标题，用来标明或分类图表的内容。因此在制作图表时，标题的添加是一个不可缺少的内容。

（7）轴标题。

轴标题指的是在图表中使用坐标轴来描述数据内容时的标题。使用轴标题可以使读者更加清楚了解某轴的含义。

（8）坐标刻度。

坐标刻度是等分y轴的短线，水平网格线是坐标轴刻度的延长线，用于方便阅读数据值。

（9）图表区。

整个图表及其包含的所有元素。

（10）绘图区。

在图表中，以坐标轴为界包含全部的数据系列区域。

二、创建图表

Excel 2010 提供了"图表向导"来创建图表，"图表向导"用一系列的对话框来引导建立完成新图表。

"图表向导"一般显示四个步骤，每一个步骤有一个选项不同的对话框。如果不需要对四个步骤都进行操作，可以在相应步骤中选择"完成"按钮，以跳过后面的步骤完成图表的创建。

创建图表前，通常先选择生成图表的源数据，然后执行"插入"菜单"图表"组中的"柱形图"命令，进入"图表向导"对话框。

1.选择图表类型

选定生成图表的数据源 A2：A9 及 G2：G9 两列，如图 4-60 所示，单击"图表向导"按钮，出现"插入图表"对话框，如图 4-61 所示。在对话框左侧列表选择"柱形图"，在对话框右侧中选择"簇状柱形图"。

图 4-60　数据表　　　　　　　　　图 4-61　选择图表类型

Excel 2010 提供了 14 种标准图表类型。每一种图表类型又分为多个子类型，可以根据需要选择不同的图表类型表现数据。常见的图表类型有柱形图、折线图、饼图、条形图、面积图、XY 散点图、股价图、曲面图、圆环图、气泡图和雷达图等。

2. 选择图表源数据

选中"姓名"和"评分"两列数据在"图表工具"中单击"选择数据",打开"选择数据源"对话框。"图表数据区域"显示为所选定的区域"=Sheet1！A2：A9,Sheet1！G2：G9",如果选定区域不符合要求,用户可以在"图表数据区域"输入框中直接输入数据区域的单元格地址范围,或者单击输入的折叠按钮,然后用鼠标在工作表中拖拽选定数据区域。"选择数据源"对话框,如图 4-62 所示。

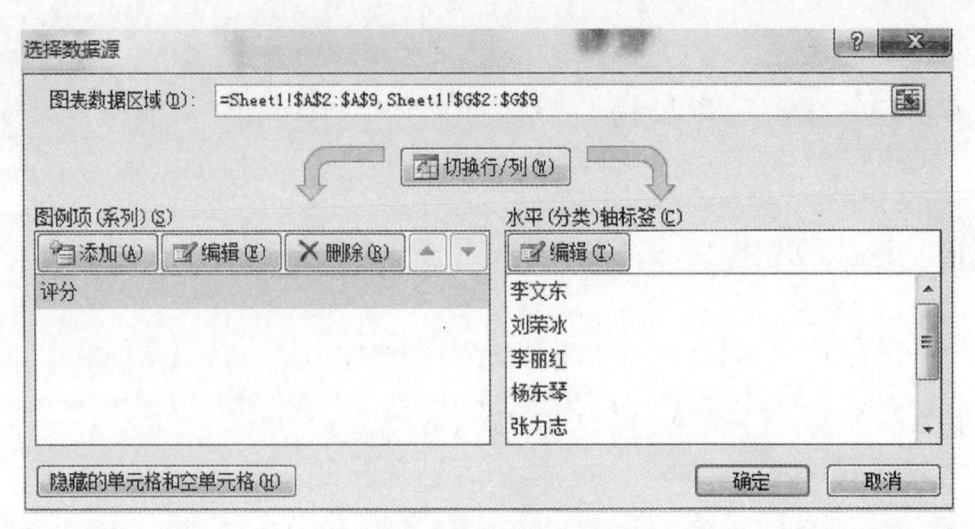

图 4-62 "选择数据源"对话框

3. 设置图表选项

在图 4-63 中,单击标题"评分"输入图表标题"学生评分图表",如图 4-64 所示。

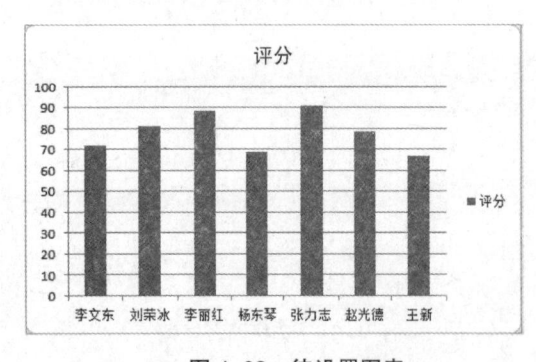

图 4-63 待设置图表

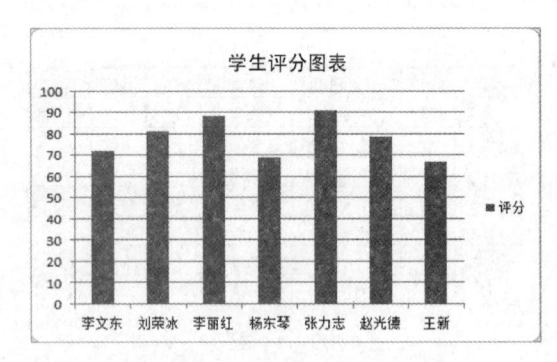

图 4-64 设置图表标题

4. 选择图表的位置

在图 4-64 中,单击右键,选择快捷方式中的"移动图表",则出现"移动图表"对话框,如图 4-65 所示,选择图表生成位置,生成图表,如图 4-66 所示。

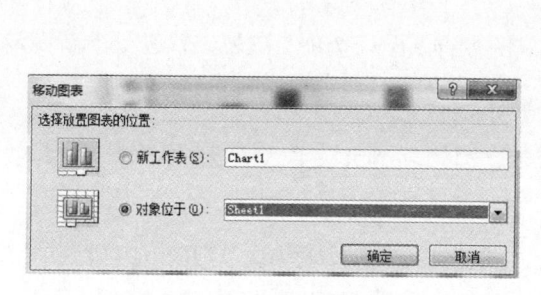

图 4-65　选择图表的位置

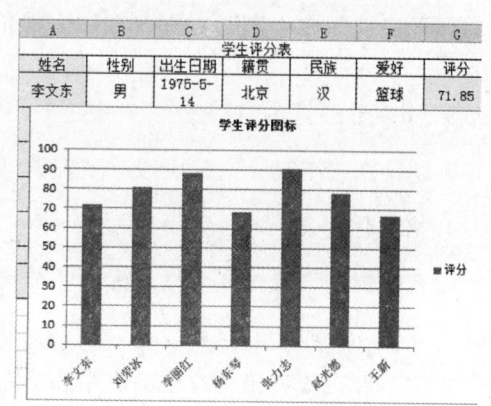

图 4-66　生成的图表

图表位置有两个选项可供选择，一种是作为一个对象与其相关的工作表数据存放在同一工作表中，这种图表称为嵌入式图表；另一种是以一个工作表的形式插在工作簿中，称为独立图表。

三、编辑图表

图表创建完成后，如果对数据表进行了修改，图表的信息也将随之更新。当选中了一个图表后，菜单栏中"数据"菜单会变成"图表"，利用"图表"菜单或在图表区域单击鼠标右键弹出的菜单，可以对图表进行编辑和修改。

1. 编辑图表的方法

（1）利用图表工具栏。

所有与图表相关的操作都可以通过图表工具栏来实现。当在插入图表时，选择"图表工具"菜单的"布局"命令图表工具栏会自动弹出，如图 4-67 所示。

图 4-67　图表工具栏

（2）利用图表命令。

在工作表中，如果选定图表区域，这时窗口的菜单栏中会显示"图表工具"菜单。在此菜单项中，可以对图表中各部分进行设置。

（3）利用快捷菜单中的命令。

在编辑图表的过程中，如果对某一个对象进行修改，用鼠标右击相应对象，即弹出相应快捷菜单，选择相关命令打开相应的对话框，即可对其进行编辑。

2. 删除图表数据系列

如果要同时删除工作表和图表中的数据，只要删除工作表中的数据，图表将会自动更新。如果只从图表中删除数据，在图表上单击所要删除的图表系列，按"Delete"键即可完成。

3. 修改图表

利用"图表工具"菜单可以对图表类型、源数据、图表选项、图表位置进行重新设定。

4. 格式化图表

图表格式的设置主要包括对标题、分类轴、图例、网格线等区域进行颜色、图案、线型、填充效果、边框的设置等。

方法是双击或者鼠标右击图表中的标题、图例、分类轴等区域，打开相应区域的格式对话框，可进行相关格式的设置。

如双击分类轴，打开"分类轴"对话框，将图 4-66 中的图表分类轴的字体改为"楷体"，"对齐"设为"方向 60°"，图例的字体改为"黑体"，图表标题字体改为"楷体"、加粗、12 号字。设置效果如图 4-68 所示。

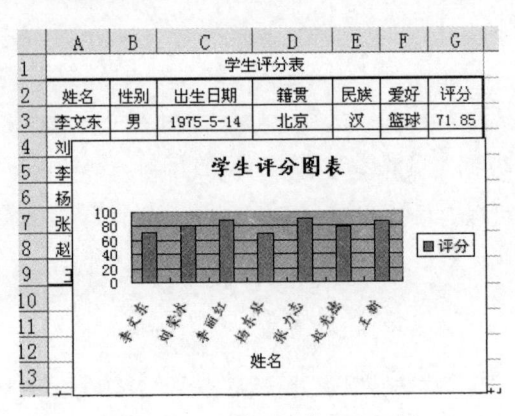

图 4-68 格式化后的图表示例

四、数据透视表的组成

数据透视表是一种对大量数据快速分类汇总并建立交差列表的交互式表格和图表。在数据透视表中，用户可以选择行和列以查看原始数据的不同汇总结果，显示不同页面以筛选数据，还可以根据需要显示区域中的明细数据。

数据透视表有机综合了数据排序、筛选、分类汇总等数据分析的优点，可以方便地调整分类汇总的方式，灵活地以多种不同方式展示数据的特征。

1. 数据透视表组成部分

数据透视表一般由以下几个部分组成。

①页字段：页字段是数据透视表中指定为页方向的源数据清单或表单中的字段。单击页字段的不同项，在数据透视表中会显示与该项相关的汇总数据。源数据清单或表单中的每个字段或列条目或数值都将成为页字段列表中的一项。

②数据字段：数据字段是指含有数据的源数据清单或表单中的字段，它通常汇总数值型数据，数据透视表中的数据字段值来源于数据清单中同数据透视表行、列、数据字段相关的记录的统计。

③数据项：数据项是数据透视表中的分类，它代表源数据中同一字段或列中的单独条目。数据项以行标或列标的形式出现，或出现在页字段的下拉列表框中。

④行字段：行字段是数据透视表中指定为行方向的源数据清单或表单中的字段。

⑤列字段：列字段是数据透视表中指定为列方向的源数据清单或表单中的字段。

⑥数据区域：数据区域是数据透视表中含有汇总数据的区域。数据区中的单元格用来显示行和列字段中数据项的汇总数据，数据区每个单元格中的数值代表源记录或行的一个汇总。以如图 4-69 所示的工资表数据为例进行介绍。

2. 创建数据透视表

以工作表中的数据作为源数据，要求行字段依次为"单位名称""性别"，列字段为"职称"，统计各部门男女职工人数。在工作表中单击"插入"菜单"表格"组中的"数据透视表"命令，屏幕出现如图 4-70 所示的"创建数据透视表"对话框。

使用的源数据是工作表中的数据，按"确定"按钮后，屏幕就会出现"数据透视表和数据透视图向导 -3 步骤之 2"对话框。

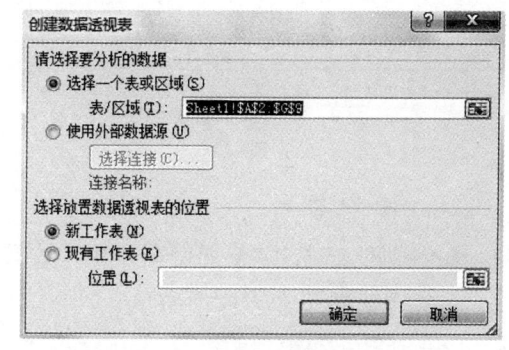

图 4-69　工资表原数据　　　　图 4-70　"创建数据透视表"对话框

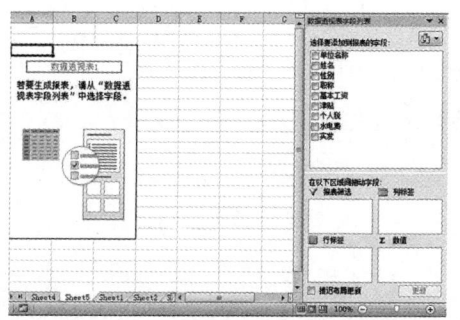

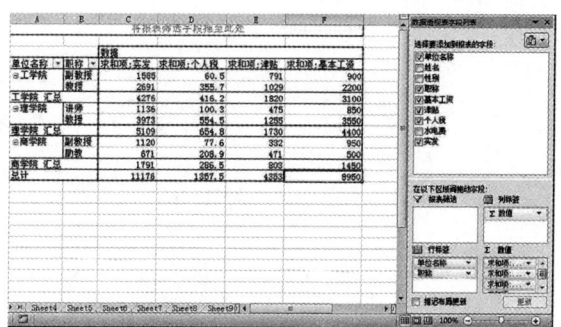

图 4-71　新工作表　　　　图 4-72　数据透视表

在"表/区域"中输入源数据所在的位置后,选择透视表放置位置,单击"确定"按钮,屏幕会显示如图4-71所示的新工作表。

分别勾选单位名称、职称、基本工资、津贴、个人税、实发六个字段,即可出现图4-72的数据透视表。

五、巩固练习:制作商品销售统计表

操作要求如下。

(1)新建一个工作簿,保存为"学生评分表"。

(2)按照图4-73所示,输入原始数据,并修饰表格。

(3)建立堆积三维簇状条形图,要求分类轴显示分数,数值轴显示学生姓名,其他内容不在图表中出现。

(4)图表必须有图题,标题为"学生评分图表",效果如图4-74所示。

学生评分表							
姓名	性别	出生日期	籍贯	民族	爱好	评分
李文东	男	1975-5-14	北京	汉	篮球	71.85
刘荣冰	女	1975-10-25	辽宁鞍山	汉	唱歌	80.85
李丽红	女	1976-6-20	河北唐山	回	书法	88.2
杨东琴	女	1976-9-20	吉林长春	满	跳舞	68.6
张力志	男	1976-12-30	山西太原	蒙	集邮	90.8
赵光德	男	1977-1-1	江苏南京	汉	旅游	78.4
王新	男	1977-2-12	天津	汉	绘画	86.8

图4-73 学生评分表

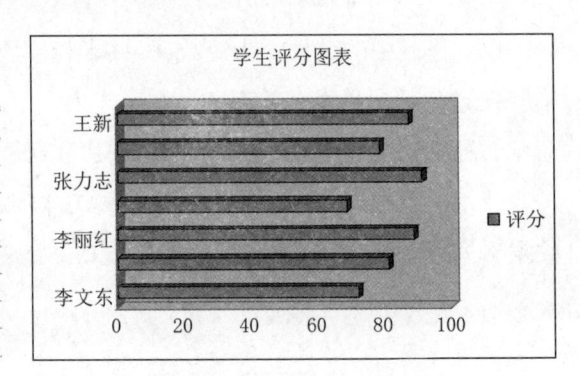

图4-74 三维簇状条形图

六、知识拓展

在创建图表时,如果要使用不相邻数据作为数据源,其选择的方法如下。

(1)拖到鼠标选定区域中的第一行或第一列数据。

(2)按住"Ctrl"键不放,同时拖动鼠标选定要添加到选定区域中的其他行或其他列的数据即可。

第六节 综合案例

一、具体要求

1.创建工作表

创建一个工作表,命名为"车队运输情况表",如图4-75所示。

司机	货物类别	毛重	皮重
李大方	其他	75	25
李大方	其他	135	45
赵美丽	其他	75	25
张可爱	其他	150	50
赵美丽	精粉	19.7	5.4
张可爱	精粉	20.7	5.4
张可爱	精粉	20.6	5.4
张可爱	矿石	19.6	5.4
张可爱	精粉	20.6	5.4
张可爱	精粉	21.1	5.4
张可爱	矿石	21.2	5.4
李大方	精粉	17.4	5.4
赵美丽	废石	120	40
赵美丽	其他	15	5
李大方	废石	105	35
张可爱	废石	105	35
赵美丽	废石	105	35

图 4-75　车队运输情况表原始数据

2. 编辑 "Sheet1" 工作表

（1）基本编辑。

①在最左端插入一列，标题为"工号"；在最右端插入一列，标题为"净重"。

②在第一行前插入一行，行高 35；并在 A1 单元格输入标题"车队运输情况表"，字体设置为黑体、30 磅、红色；合并及居中 A1：F1 单元格。

③设置 A2：F2 单元格文字为楷体、16 磅、水平居中，列宽 12。

④设置 A3：F19 单元格文字为楷体、14 磅、黑色。

⑤为 A2：F19 单元格添加蓝色细实线边框。

⑥所有数值单元格均设置为数值型、负数第四种、保留两位小数，右对齐。

（2）填充数据。

利用 IF 函数，根据"司机"列数据填充"工号"列，李大方、赵美丽、张可爱的工号分别是"01""02""03"。

公式计算"净重"列。净重 = 毛重 – 皮重。

（3）在"Sheet2""Sheet3"中建立"Sheet1"的副本；同时将 Sheet1 重命名为"运输情况表"。

（4）将以上结果以"excelb.xlsx"为名保存。

3. 分类汇总

继续对"excelb.xlsx"工作簿操作。

①根据"Sheet2"中的数据，按"司机"分类汇总"毛重""净重"之和。

②根据"Sheet3"中的数据，自动筛选货物类型为"废石"的记录。

③将"Sheet3"重命名为"废石"；"Sheet2"重命名为"运输量"。

4. 建立图表工作表

根据"运输量"工作表中的分类汇总结果数据，建立图表工作表。要求如下。

①分类轴："司机"；数值轴："毛重""净重"之和。

②图表类型：簇状柱形图。

③图表标题："个人运输量对比图"，隶书，18磅，蓝色；图例靠右。

④图表位置：作为新工作表插入，工作表名为"对比图"，保存文件。

图表效果如图4–76所示。

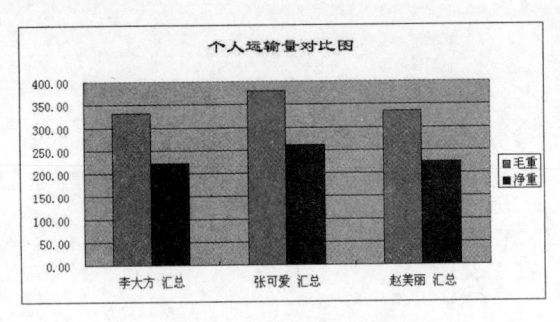

图4–76　图表效果图

二、具体操作步骤

1. 编辑"Sheet1"工作表

（1）基本编辑。

将光标置于最左端，右击弹出快捷菜单单击"插入"，在一个单元格中输入"工号"；同理将光标置于最右端，右击弹出快捷菜单单击"插入"，在F1单元格中输入"净重"。

选择行号"1"，右击弹出快捷菜单单击"插入"，右击弹出快捷菜单单击"行高"，在弹出的对话框里输入"35"；在A1单元格里输入"车队运输情况表"，右击弹出快捷菜单中"设置单元格格式"，在对话框中输入相应的设置：黑体、30磅、红色；选中A1：F1，单击格式工具栏中的"合并及居中"按钮"　"。

选中A2：F2，右击弹出快捷菜单中设置单元格格式，在对话框中输入相应的设置：楷体、16磅，水平对齐方式为"居中"，选中"格式"菜单中"列"命令中的"列宽"命令，在弹出的对话框中输入"12"。

选中A3：F19，右击弹出快捷菜单中设置单元格格式，在对话框中输入相应的设置：楷体、14磅、黑色。

选中A2：F19，右击弹出快捷菜单中设置单元格格式，在"边框"选项卡"线条样式"中选中"细实线"，在"预置"中同时选中外边框和内部。

选中A2：F19，右击弹出快捷菜单中设置单元格格式，在"数字"选项卡中设置数值型、负数第四种、保留两位小数；在"对齐"选项卡中设置"水平对齐"为右对齐。

（2）填充数据。

选中 A3 单元格，在编辑栏中输入公式"=IF(B3="李大方","01",IF(B3="赵美丽","02",IFCB3="张可爱","03")))"，按"确认"键，然后填充该列数据。

选中 F3 单元格，在编辑栏中输入公式"=D3-E3"，按"确认"键，然后填充该列数据。

（3）在"Sheet2""Sheet3"中建立"Sheet1"的副本；同时将"Sheet1"重命名为"运输情况表"。

（4）将以上结果以"excelb.xlsx"为名保存。

2. 分类汇总

将光标置于工作表"Sheet2"的"司机"列，排序，选择"数据"菜单中的"分类汇总"命令，在"分类字段"中选择"司机"，汇总方式选择"求和"，在"选定汇总项"中选择"毛重"和"净重"，单击"确定"。

将光标置于"Sheet3"的清单中，选择"数据"菜单中"筛选"命令中的"自动筛选"命令，在"货物类别"字段下选择"废石"。

将"Sheet3"重命名为"废石"；"Sheet2"重命名为"运输量"。

3. 建立图表工作表

在"运输量"工作表中，选中汇总后的 2 级分类汇总的"司机"列、"毛重"列和"净重"列。

选择"插入"菜单中的"图表"命令，图表类型选择"簇状柱形图"，设置图表标题："个人运输量对比图"，隶书，18 磅，蓝色；图例靠右。图表位置选择"作为新工作表插入"。改工作表名为"对比图"，保存文件。

第五章 演示文稿制作软件 PowerPoint 2010

PowerPoint 2010 是办公自动化软件 Microsoft Office 家族中的一员，是用于设计制作专家报告、教师授课、产品演示、广告宣传的电子版幻灯片，制作的演示文稿可以通过计算机屏幕或投影机播放。PowerPoint 2010 能够制作出集文字、图形、图像、声音以及视频剪辑等多媒体元素于一体的演示文稿，把自己所要表达的信息组织在一组图文并茂的画面中。

第一节 PowerPoint 2010 演示文稿基础操作

一、PowerPoint 2010 概述

启动 PowerPoint 2010 后，其界面如图 5-1 所示。

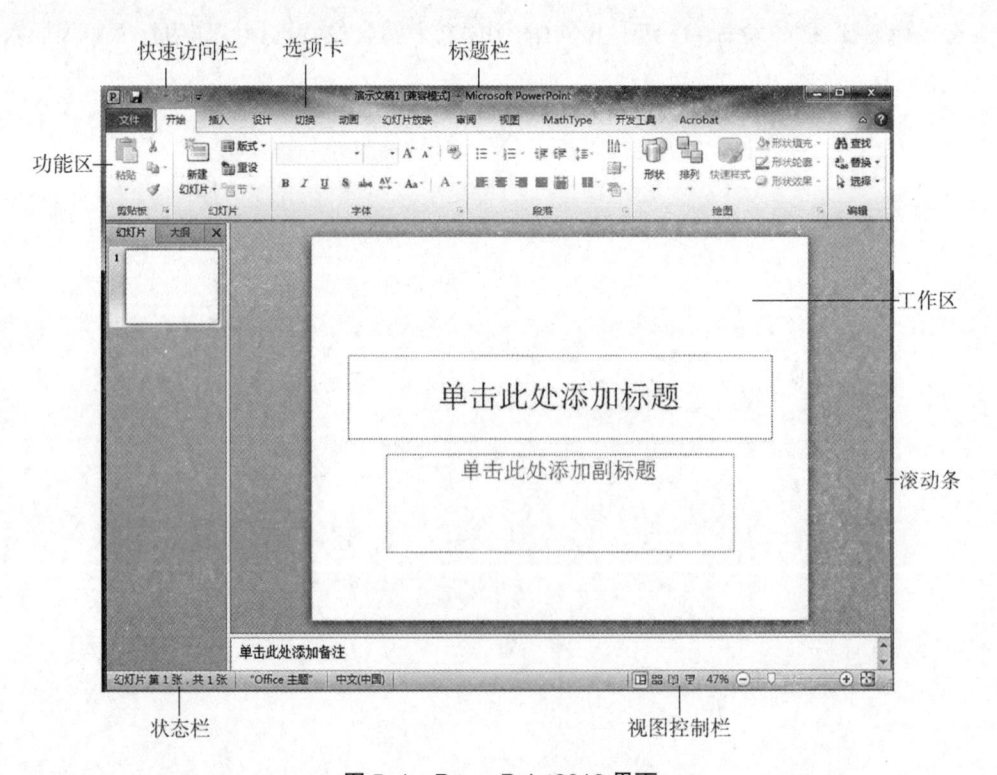

图 5-1 PowerPoint2010 界面

PowerPoint 2010 界面主要包括了"标题栏""快速访问栏""选项卡""功能区""工作区""滚动条""视图控制栏"和"状态栏"等部分，观察整体的 PowerPoint 2010 界面不难看出，其组成与 Word 2010、Excel 2010 都有着极大的相似之处，其中比较特别的就是左侧的幻灯片列表区。在幻灯片列表区的顶部，有两个标签，分别是"幻灯片"标签和"大纲"标签。

选择"幻灯片"标签时，将在下面显示出当前演示文稿中所有幻灯片的缩略图。单击某个缩略图即可切换至该张幻灯片，然后可在幻灯片编辑区查看、编辑其内容。

选择"大纲"标签时，该窗格列出了当前演示文稿的文本大纲。此时可以帮助用户浏览整个幻灯片的结构。在其中单击以插入光标后，还可以对其中的文本进行增减、格式化等编辑处理。

另外，在底部的备注编辑区中，可以直接为当前的幻灯片输入备注内容。此内容不会在放映或打印时出现。

二、新建空白演示文稿

要按照 PowerPoint 2010 默认的属性创建空白演示文稿，可以按照以下方法操作。
（1）按"Ctrl+N"快捷键。
（2）单击"文件"按钮，在弹出的菜单中执行"新建"命令，此时将显示为类似如图 5-2 所示的状态，在中间区域选择"空白演示文稿"项，然后单击右边的"创建"按钮即可。

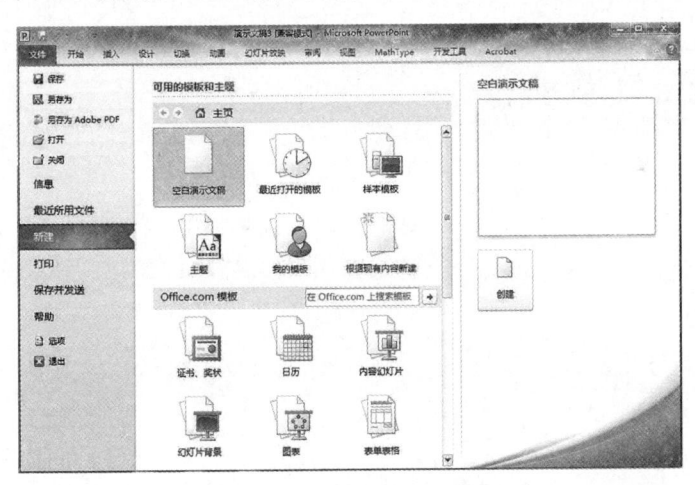

图 5-2　创建空白演示文稿

三、从模板创建新演示文稿

PowerPoint 模板是指具有一定预定格式的演示文稿，如 PowerPoint 2010 已经随软件附带了多种模板，新建这些演示文稿时，PowerPoint 已经预先为用户编排好基本的格式，用户只要填写内容就行了。

要从模板创建新文档，可以按照以下方法操作。

（1）单击"文件"按钮，在弹出的菜单中执行"新建"命令，在中间处选择"样本模板"选项，如图 5-3 所示。

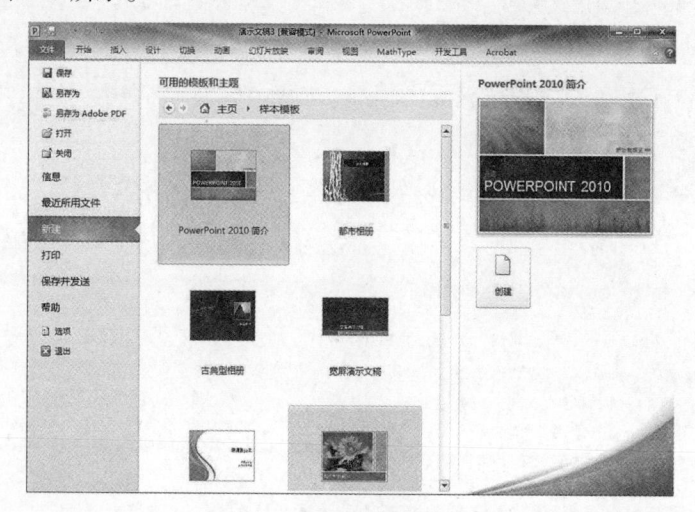

图 5-3 "样本模板"选项

（2）接下来，选择一个要新建的模板类型，如"都市相册"选项。
（3）单击右侧"创建"即可。

四、保存演示文稿

在实际工作中，对于新建的或更改后的演示文稿，需要将其保存起来，以便在以后的工作中输出或编辑。要保存演示文稿，有以下三种操作方法。
（1）按"Ctrl+S"快捷键。
（2）单击快速访问栏上的"保存"按钮" "。
（3）单击"文件"按钮，在弹出的菜单中执行"保存"命令。

执行上述操作后，若是第一次保存当前文档，将会弹出"另存为"对话框如图 5-4 所示。在此对话框中，可以设置文件保存的位置、文件名及文件类型等，设置完成后，单击"保存"按钮即可。

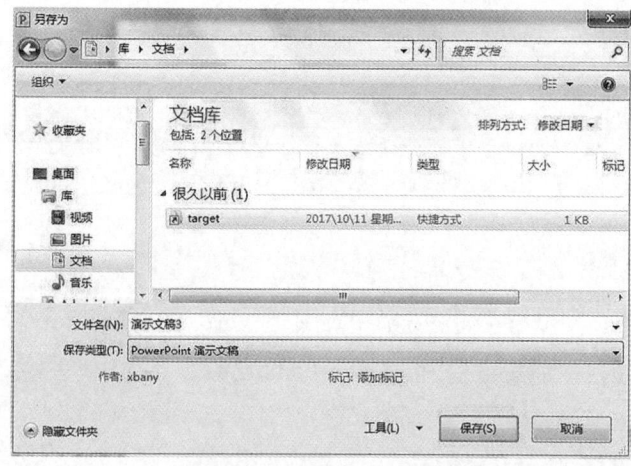

图 5-4 "另存为"对话框

当文档保存过一次后，再执行上述保存操作时，就不会出现"另存为"对话框了，此时会将当前所作的修改，保存至磁盘上。

若将当前文档保存至不同的文件名、格式或位置时，也可以手动选择"另存为"命令。要另存文档，可以按照以下两种方法操作。

（1）按"F12"键。

（2）单击"文件"按钮，在弹出的菜单中执行"另存为"命令。

在"另存为"对话框中设置参数，然后单击"保存"按钮即可。

五、关闭演示文稿

1. 关闭演示文稿的方法

要关闭演示文稿，可以按照以下三种方法操作。

（1）按"Ctrl+W"键。

（2）单击"文件"按钮，在弹出的菜单中执行"关闭"命令。

（3）单击软件右上方的"关闭"按钮" ❌ "。若当前仅打开一个演示文稿，将会关闭该文件并退出软件。

在执行上述操作后，如果该演示文稿已经执行过存盘操作，并且存盘后没有任何更改，系统将直接关闭该演示文稿的文档窗口；若演示文稿发生变动，则 PowerPoint 2010 会弹出一个如图 5-5 所示的提示框。

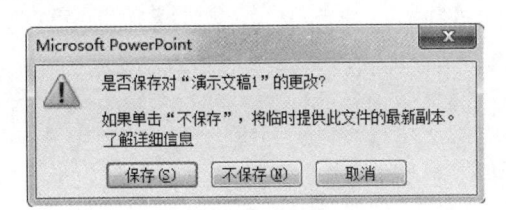

图 5-5　"演示文稿更改"提示框

2. 提示信息

（1）单击"保存"按钮，可关闭并保存对当前文档的修改。

（2）单击"不保存"按钮，可关闭当前文档，但不会保存对文档的修改。

（3）单击"取消"按钮，将取消本次关闭操作，且不会对文档进行保存。

六、打开演示文稿

要打开已有的演示文稿，可以按照以下方法操作。

（1）执行以下操作之一，应用"打开"命令。

①按"Ctrl+O"键。

②单击"文件"按钮，在弹出的菜单中执行"打开"命令。

（2）执行上述操作之一后，将调出"打开"对话框，在其中选择要打开演示文稿所在的位置。

（3）在"文件类型"下拉列表中，可以选择要打开的文档类型。

（4）执行下列操作之一，打开文档。

①双击要打开的文档。

②单击选中要打开的文档，然后单击"打开"按钮。

提示：用户也可以单击"文件"按钮，在弹出的菜单中执行"最近所用文件"命令，然后在右侧的列表中选择最近打开的演示文稿。

第二节　幻灯片基础操作

一、插入幻灯片

要插入新的幻灯片，可以在大纲或幻灯片编辑区中选择要插入新幻灯片的位置，然后执行以下操作之一。

（1）右击鼠标，在弹出的菜单中执行"新幻灯片"命令。

（2）在"开始"选项卡中，单击"新建幻灯片"按钮" "。

（3）单击"新建幻灯片"文字按钮，在弹出的下拉列表中可以选择预设的幻灯片样式，如图 5-6 所示。

执行上述操作之一后，即可在选中的幻灯片之后插入一个新的幻灯片。

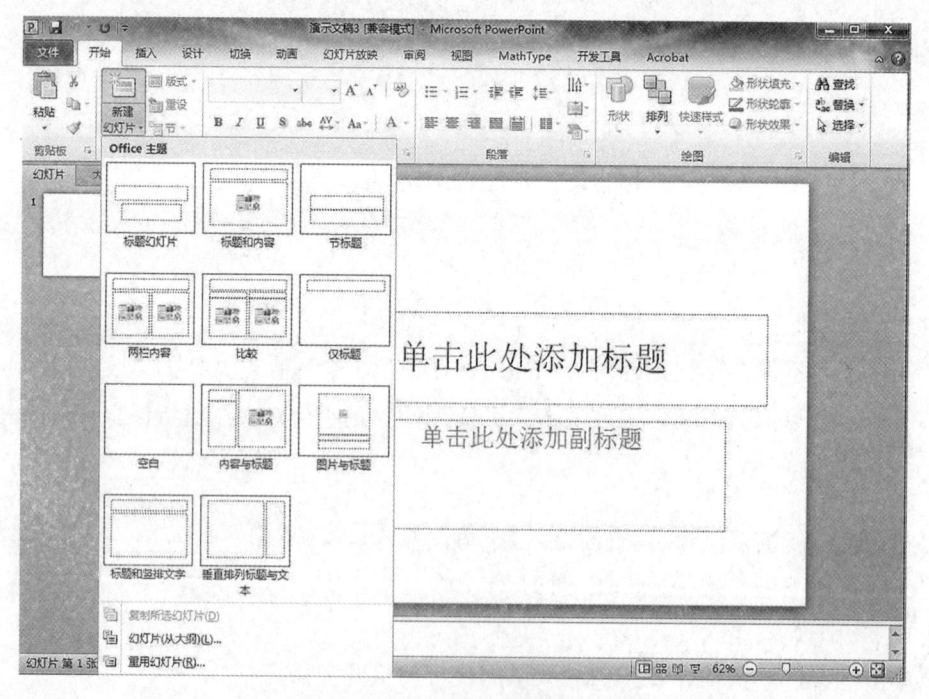

图 5-6　幻灯片样式

二、选择幻灯片

选择幻灯片有如下几种方法：在大纲编辑区、幻灯片列表区中，或单击底部的"幻灯片浏览视图"按钮"▦"进入幻灯片浏览视图，此时可以执行以下操作方法来选择幻灯片。

（1）直接单击幻灯片图标，只选取一张幻灯片。

（2）单击首张所需的幻灯片图标，然后按下"Shift"键，再单击最后一张所需的幻灯片的图标，此操作可选取多张连续的幻灯片。

（3）按下"Ctrl"键，然后单击所需的幻灯片图标，可以选取多张不连续的幻灯片。

注意：在大纲编辑区中，无法选择不连续的幻灯片。

三、复制幻灯片

在 PowerPoint 2010 中，复制幻灯片的方法与 Word 2010 中复制文本对象基本相同。用户可以先选择要复制的幻灯片，然后按"Ctrl+C"键或右击并在弹出的菜单中执行"复制"命令或单击"开始"选项卡上的"复制"按钮，再切换至要粘贴幻灯片的位置，按"Ctrl+V"键或右击并在弹出的菜单中执行"粘贴"命令或单击"开始"选项卡中的"粘贴"按钮"▦"。

四、删除幻灯片

要删除幻灯片，先选中要删除的幻灯片，然后执行下面的操作。

（1）按"Delete"或"Backspace"键。

（2）在选中的幻灯片上右击，在弹出的菜单中执行"删除幻灯片"命令。

五、隐藏幻灯片

当暂时不希望放映某些幻灯片，但又不想删除时，则可以将其隐藏起来。此时，用户可以在幻灯片列表区或幻灯片浏览视图下，选中要隐藏的幻灯片，然后右击，在弹出的菜单中执行"隐藏幻灯片"命令即可。

重复执行上述操作即可取消对幻灯片的隐藏设置。

第三节　幻灯片格式设置

一、设置幻灯片背景

要改变幻灯片的背景，可以在"设计"菜单中单击"背景样式"按钮，在弹出的下拉列表中可以选择一种背景的样式，如图 5-7 所示。

若在下拉列表中执行"设置背景格式"命令，在弹出的对话框中将可以设置更多的背景填充方式，如图 5-8 所示。可以看出，这与 Word 2010 中设置图形填充色的参数是基本相同的，故不再详细讲解，用户可以根据需要选择纯色、渐变或纹理等填充方式。

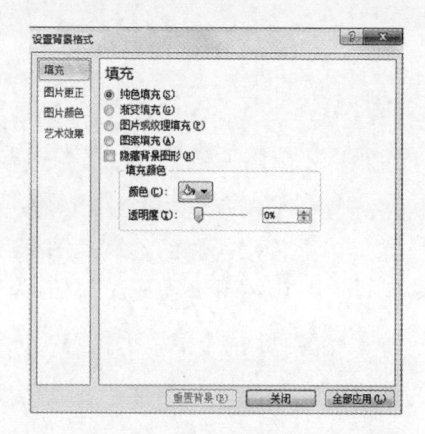

图 5-7　背景的样式　　　　　　　　　图 5-8　"设置背景格式"对话框

如图 5-9 所示是使用自定义背景色的幻灯片。

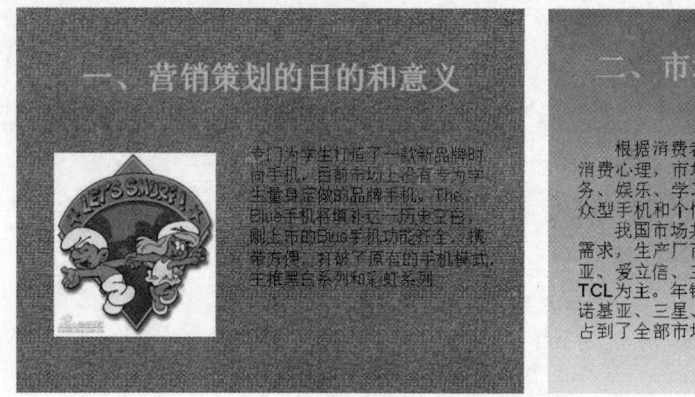

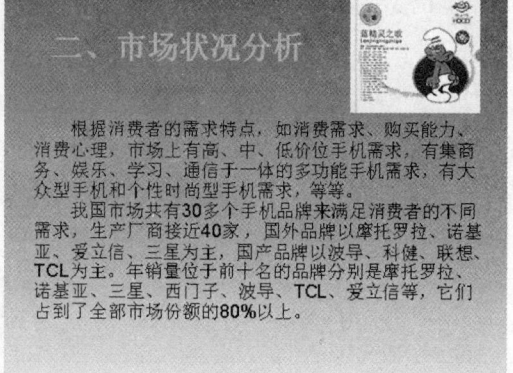

图 5-9　自定义背景色幻灯片

二、设置页眉和页脚

在页眉和页脚区域中，其功能主要是方便用户对幻灯片做出标记，使幻灯片更易于浏览。用户可创建包含文字与图形的页眉和页脚。要设置页眉和页脚，可以在"插入"菜单中单击"页眉和页脚"按钮，弹出如图 5-10 所示的对话框。

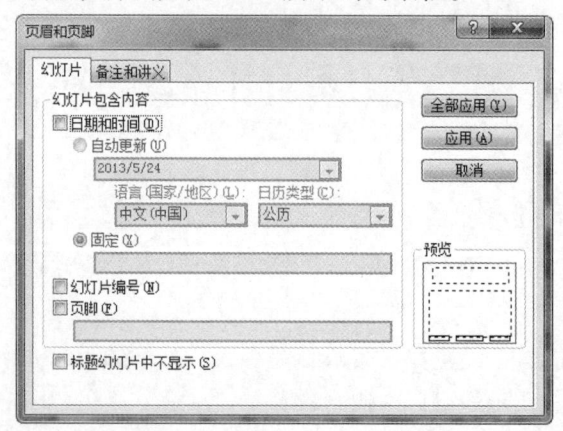

图 5-10　"页眉和页脚"对话框

（1）日期和时间：选中此选项时，右下方"预览"区域左下角的日期和时间区变黑，表示日期时间区生效；选中"自动更新"单选框，时间就会随制作日期和时间的变化而变化。

（2）幻灯片编号：选中此选项后，默认会在母版右下角位置增加当前幻灯片的编号，相当于 Word 中的页码。

（3）页脚：选中此选项后，然后在下面的输入框中输入内容，可以在母版的中间增加页脚文字。

设置完成后，单击"应用"或"全部应用"按钮即可。如图 5-11 所示是在页脚中添加文字"万台策划公司·专注·专业·专心"后的效果。用户也可以根据需要，在其中添加一些装饰图形或图像，使之看起来更为美观。

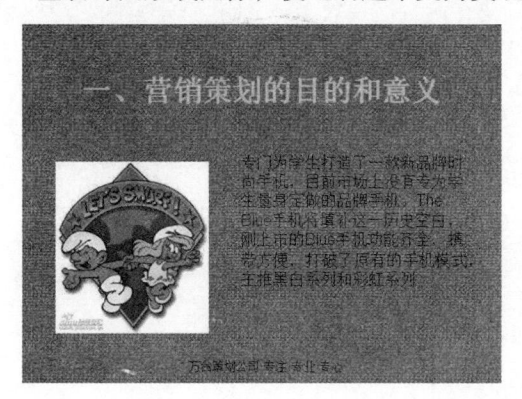

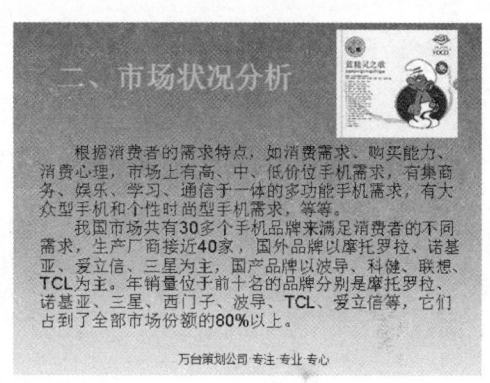

图 5-11　添加页眉和页脚的幻灯片

三、设置配色方案

在 PowerPoint 2010 中，配色方案可以为文本、背景、填充、强调文字及线条等对象定义颜色，然后根据不同的需求，直接将其应用于幻灯片上，从而达到快速修改各对象颜色的目的。

PowerPoint 2010 提供了一套标准的配色方案，在对色彩没有特殊要求的情况下，用户可以直接使用这些标准配色方案来美化幻灯片。要应用标准配色方案，可以在"设计"选项卡中单击"颜色"按钮，在弹出的下拉列表中选择一种预设的配色方案，如图 5-12 所示，若是执行底部的"新建主题颜色"命令，将调出如图 5-13 所示的对话框。

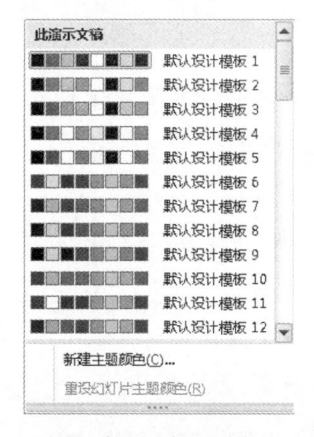

图 5-12　颜色选项　　　　图 5-13　"新建主题颜色"对话框

在上面的对话框中，可单击各项目后面的颜色块图标，然后单击"更改颜色"按钮，在弹出的颜色列表中可以为其指定一个新的颜色。设置完成后，在"名称"文本框中输入新名称，然后单击"保存"按钮，可以将当前配色方案保存为一个标准配色方案，以便以后在其他幻灯片中使用。

若要删除配色方案，可以在上面的配色方案列表中，在要删除的配色方案上单击右键，在弹出的菜单中执行"删除"命令即可，如图 5-14 所示。

注意：在一个演示文稿中，至少要包含一种配色方案，因此不能删除最后一种配色方案。

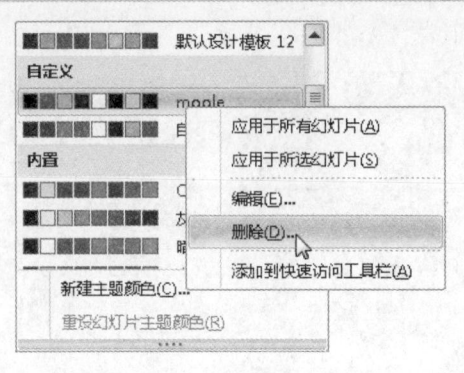

图 5-14 "删除"命令

第四节 在幻灯片中添加对象

一、插入与设置文本对象

1. 在幻灯片编辑区中输入文本

在幻灯片中，看到的虚线框就是占位符框，虚线框内的"单击此处添加标题"或"单击此处添加文本"等提示为文本占位符。单击文本占位符，提示文字会自动消失，此时便可在虚线框内输入相应的内容。

当占位符的大小无法满足内容的输入时，可通过以下两种方式调整其大小。

（1）选中占位符框后，其四周会出现控制点，将鼠标指针停放在控制点上，当指针变成双向箭头时，按下鼠标左键并任意拖动，即可对其调整大小。

（2）选中占位符框后切换到"格式"选项卡，然后通过"大小"组调整大小。

另外，可以单击"插入"菜单中的"文本框"按钮，在弹出的下拉列表中执行"横排文本框"或"竖排文本框"命令，在幻灯片编辑区中拖动绘制一个文本框，然后在其中输入文本即可。

此外，PowerPoint 中的文本框，与 Word 中的文本框基本相同，用户可以像在 Word 中一样，调整其大小，或设置其填充与边框色等属性。

2. 在大纲编辑区中输入文本

在大纲编辑区中，除了可以输入文本内容外，还可以进行调整标题位置、级别等编辑操作，下面就来讲解其中的相关操作。

（1）设置标题的级别。

在大纲编辑区中，单击某个标题，然后采用以下方法即可改变标题的级别。

①按"Tab"键或右击，在弹出的菜单中执行"降级"命令，即可降低当前标题的级别。

②按"Shift+Tab"键或右击，在弹出的菜单中执行"升级"命令，即可提升当前标题的级别。

当标题被降至最低级时，再执行"降级"命令，将显示如图 5-15 所示的提示框，单击"是"按钮，将删除该标题；当标题被提至顶级的标题时，则自动将其及其下的子标题移至一个新的幻灯片中。

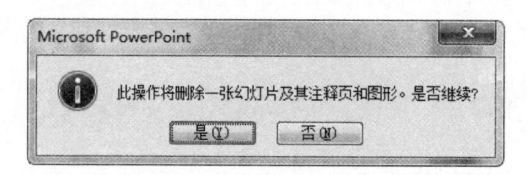

图 5-15　"降级"对话框

（2）标题的折叠与展开。

在大纲编辑区中，单击某个标题后，右击，在弹出的菜单中执行"折叠"命令或"展开"命令，可以实现当前标题的折叠与展开操作；若执行右键菜单中"折叠 – 全部折叠"或"展开 – 全部展开"命令，则可以折叠或展开全部的标题。

3. 格式化文本

在 PowerPoint 2010 中，无论是在大纲编辑区或幻灯片编辑区中，选中要设置格式的文本后，可以在"开始"菜单中设置其基本属性，也可以单击"开始"菜单中"字体""段落"组中的"　"按钮，在弹出的对话框中进行详细参数设置。

其设置方法与 Word 2010 基本相同，故不再重述。

二、插入与设置表格对象

在 PowerPoint 2010 中，可以直接向幻灯片中插入表格，而且可以像在 Word 中一样对其进行各种属性的设置。

要插入表格，可以在"插入"菜单中单击"表格"按钮，在弹出的下拉列表中拖动，以确定要插入的表格数量，如图 5-16 所示。

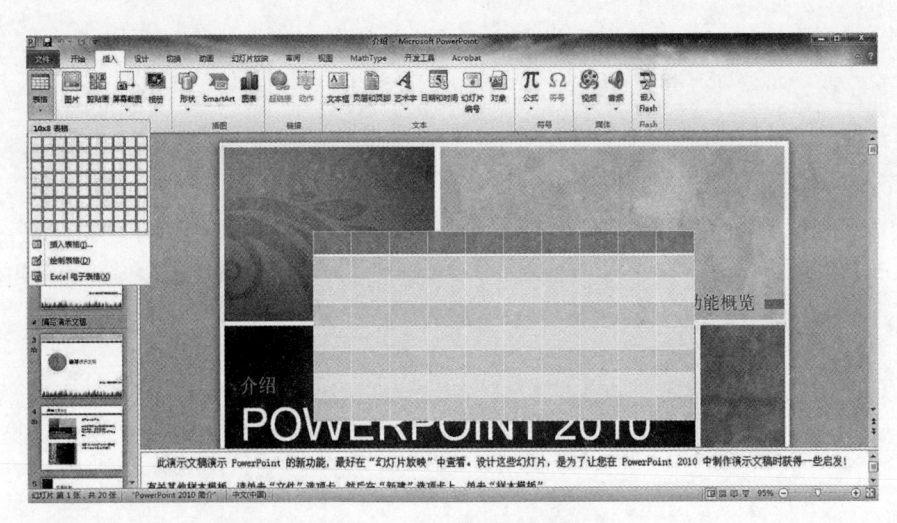

图 5-16 "插入"选项卡

绘制完成表格后，可以在"设计"和"布局"中对格式进行布局和格式处理。

三、插入与设置图片对象

为了让幻灯片的内容更加丰富，还可在幻灯片中插入图片、自选图形及艺术字等对象，其方法与在 Word 中的操作相似。

选中要插入图形图像的幻灯片，切换到"插入"菜单，单击"图片"按钮可插入图片，单击"剪贴画"按钮可插入剪贴画，单击"屏幕截图"按钮可截取并插入屏幕图像，在"插图"组中单击"形状"按钮可插入自选图形，单击"Smart Art"按钮可插入 Smart Art 图形。

四、插入与设置媒体对象

为了让制作的幻灯片给观众带来视觉、听觉上的冲击，可在演示文稿中插入视频和声音。视频和声音的插入方法相似，只需切换到"插入"菜单，然后单击"媒体"组中的"视频"按钮可插入视频，单击"音频"按钮可插入声音文件。

五、插入图表

在 PowerPoint 2010 中，包含了多种图表类型，在自定义的图表中包含了更多的变化。要在 PowerPoint 2010 中插入图表，可以按照以下方法操作。

（1）在演示文稿中选中要插入图表的幻灯片。

（2）单击"插入"选项卡中的"图表"按钮。

（3）在弹出的对话框中选择一种图标样式。

（4）单击"确定"按钮，即可插入图表，同时将切换至 Excel 软件中，并提供一级默认的图表数据。用户可将自己的数据插入到其中。

对已完成的图表，也可以在图表上右击，在弹出的菜单中执行"编辑数据"命令，从而在 Excel 中打开数据。

第五节 创建与编辑超链接

一、创建超链接

如同网页中的超链接一样，在 PowerPoint 2010 中，也可以在演示文稿中插入超链接，从而在幻灯片放映时，可以从当前幻灯片跳转至其他位置，如某个文件、网页、演示文稿内的其他位置、电子邮件地址等。

在 PowerPoint 2010 中，可以为文字或图形、图片等对象设置超链接，在将其选中后，可执行下列操作。

（1）按"Ctrl+K"键。

（2）右击选中的对象，在弹出的菜单中执行"超链接"命令。

（3）在"插入"菜单中单击"超链接"键。

执行上述任意一个操作后，将弹出如图 5-17 所示的对话框，在左侧"链接到"区域中选择不同的选项，即可创建具有不同跳转功能的超链接。

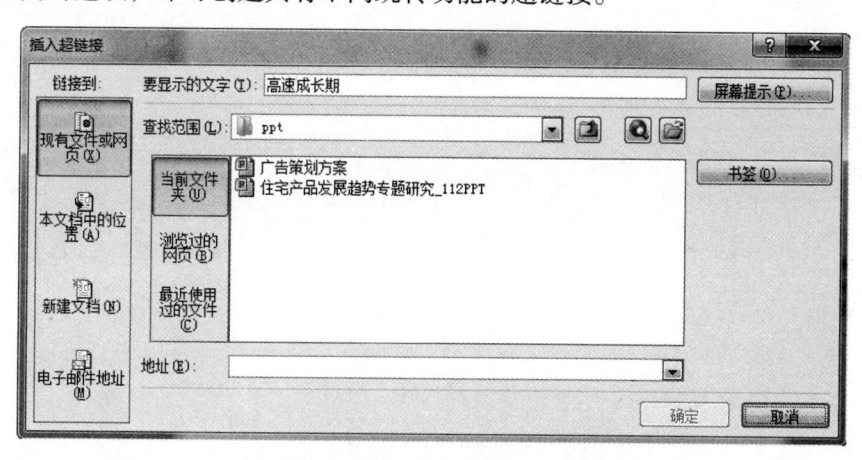

图 5-17　"插入超链接"对话框

1. 现有文件或网页

当选中此选项时可以浏览要链接的文件，或直接在"地址"文本框中输入地址，可以是本地或网络上的地址，如 http://www.baidu.com/。

单击"屏幕提示"按钮，在弹出的对话框中可以输入当光标置于链接上时自动显示的说明文字，若不设置，则显示链接的地址。

若选中的文件支持书签，则单击"书签"按钮后，在弹出的对话框中会显示该文件中包含的书签，选择某个书签后，则在单击超链接打开此文件时，自动跳转至书签所在的位置。

2. 本文档中的位置

选择此选项时，可以单击超链接跳转到当前演示文稿中的某个位置，其对话框如图 5-18 所示。

图 5-18 设置"文档位置"超链接

在中间的区域中，可以选择要跳转到的目标幻灯片，同时还会预览此页面的内容，以便于用户确定和选择。

3. 新建文档

选择此选项时，对话框如图 5-19 所示。

在"新建文档名称"文本框中，可以设置新文档要保存的位置及名称，也可以单击"更改"按钮，在弹出的对话框中选择新文档要保存的位置。

若选择"以后再编辑新文档"选项，则单击"确定"按钮即可完成链接设置；若选择"开始编辑新文档"选项，则单击"确定"按钮后，将立刻创建并打开新文档，此时可以编辑其内容。

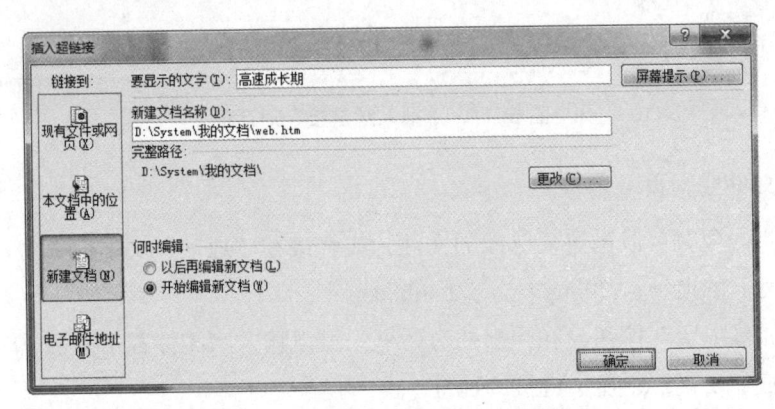

图 5-19 设置"新建文档"超链接

4. 电子邮件地址

选择此选项后，可以为链接设置一个目标电子邮件地址，此时的对话框如图 5-20 所示。

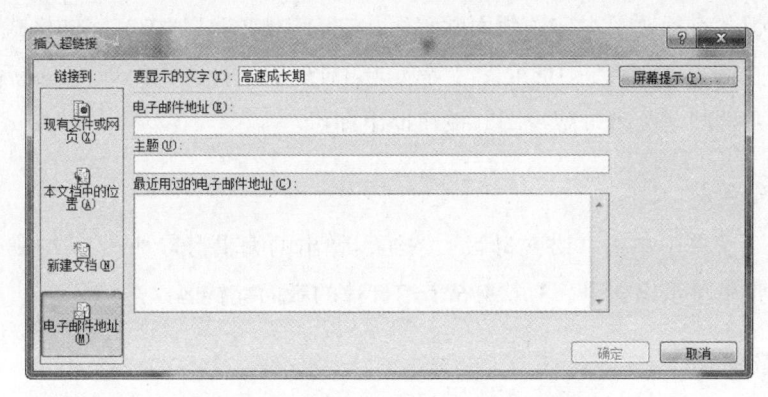

图 5-20 设置"电子邮件地址"超链接

二、编辑超链接

要编辑某个超链接，可以选中该对象，然后右击，在弹出的菜单中执行"编辑超链接"命令，然后在弹出的对话框中修改链接的类型或参数。

三、删除超链接

要删除超链接，可以选中该对象，然后右击，在弹出的菜单中执行"删除超链接"命令。

第六节 设置与应用母版

一、幻灯片母版

幻灯片母版用于控制幻灯片的文本、字号、颜色、背景色以及项目符号样式等属性。在"视图"菜单中单击"幻灯片母版"按钮，弹出如图 5-21 所示的编辑窗口。

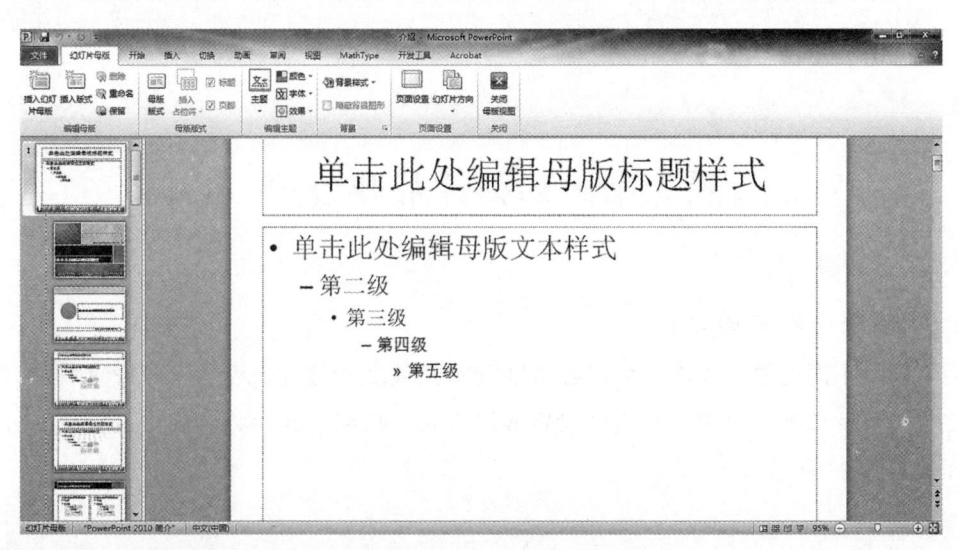

图 5-21 设置"幻灯片母版"

175

幻灯片母版含有标题及本文的版面配置区，它会影响幻灯片中文字的格式设定。用户也可以结合其他格式化文字、图形或图片等功能，对母版进行美化处理，完成后，单击"幻灯片母版"最右端的"关闭母版视图"按钮退出即可。

二、讲义母版

在"视图"菜单中单击"讲义母版"按钮，弹出的编辑窗口如图 5-22 所示，讲义母版可在一页纸张里显示出 2 个、3 个或 6 个幻灯片的版面配置区。

三、备注母版

在"视图"菜单中单击"备注母版"按钮，弹出的编辑窗口如图 5-23 所示，备注母版中含有幻灯片的缩小画面以及一个专属参考资料的本文版面配置区。

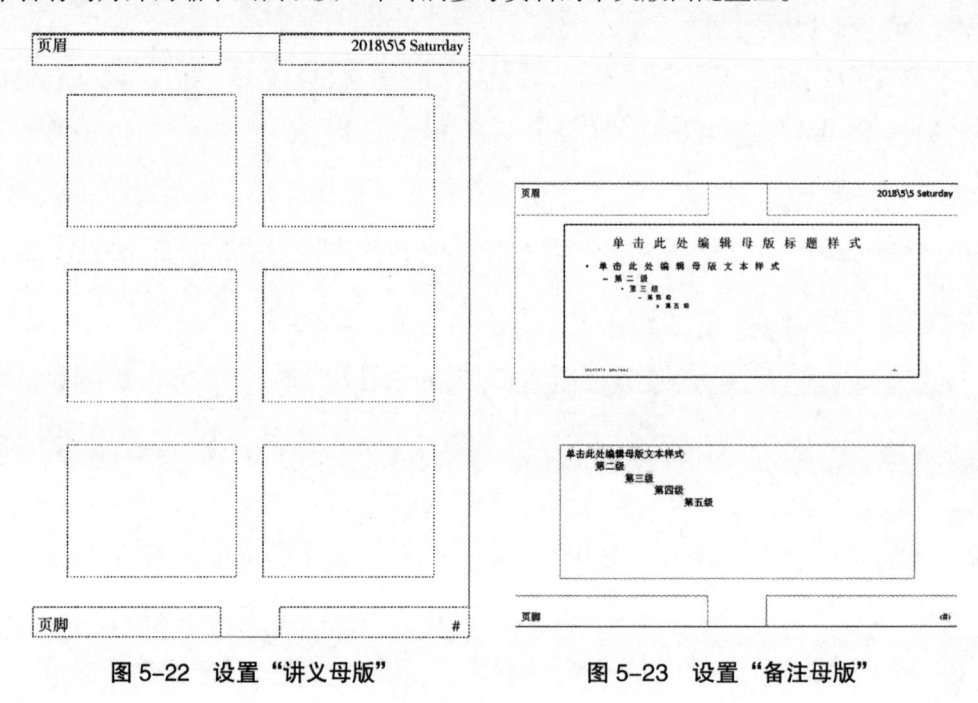

图 5-22 设置"讲义母版"　　　　图 5-23 设置"备注母版"

第七节 幻灯片放映设置

一、放映幻灯片的方法

为了满足不同的放映需求，可以在放映前对其放映参数进行设置。要设置放映方式，可以在"幻灯片放映"菜单中单击"设置放映方式"按钮，此时将弹出"设置放映方式"对话框如图 5-24 所示。

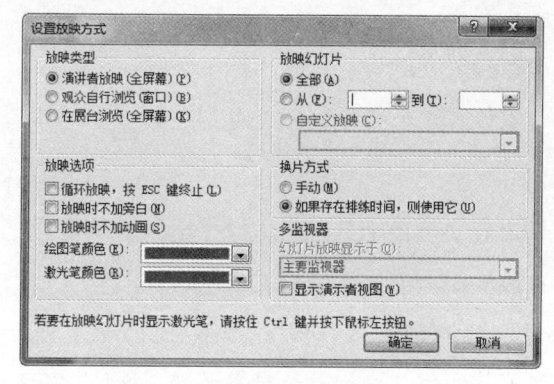

图 5-24 "设置放映方式"对话框

下面将分别针对"设置放映方式"对话框中的参数进行讲解。

1. 放映类型

在此区域中,包括了三种放映类型的设置。

(1)演讲者放映。该单选按钮是默认选项。它是一种便于演讲者自行浏览的放映方式,向用户提供既正式又灵活的放映方式。演讲者放映是在全屏幕上实现的,鼠标指针在屏幕上出现,放映过程中允许激活控制菜单,能进行勾画、漫游等操作。

(2)观众自行浏览。该方式是观众使用窗口自行观看幻灯片。观众利用此种方式提供的菜单可进行翻页、打印和浏览。此时不能单击鼠标进行放映,只能自动放映或利用滚动条进行放映。

(3)在展台浏览。在三种放映方式中此方式最为简单。在此方式放映过程中,除了保留鼠标指针用于选择屏幕对象进行放映外,其他的功能将全部失效,终止放映只能使用"ESC"键。

2. 放映幻灯片

在此区域中,可以设置要幻灯片放映的范围。

(1)"全部"。所有幻灯片都参加放映。

(2)"从(F): 到(T): "。在数字框内输入开始和结束幻灯片的编号,在其间的所有幻灯片都将参加放映。

(3)"自定义放映"。允许用户从所有幻灯片中自行挑选需要参与放映的内容。当然此选项必须在已经定义了自定义放映方式的情况下才有效。

3. 放映选项

在此区域中,可以设置幻灯片在放映时的一些选项。

(1)循环放映,按"ESC"键终止。选择此选项时,幻灯片将循环进行播放,直至按"ESC"键为止。若未选中此选项,则系统放映至最后一张幻灯片后自动停止。

(2)放映时不加旁白。对于加入了旁白的幻灯片,选中此选项后将不放映旁白内容。

(3)放映时不加动画。选择此选项后,将不会播放幻灯片中的动画。

(4)绘图笔颜色。可以设置在幻灯片上添加标记时的颜色。

(5)激光笔颜色。可以设置用于指示的激光笔颜色。

4.换片方式

换片方式即指在幻灯片放映过程中,各个幻灯片之间的切换方式。

(1)手动切换。指在放映时需要使用鼠标或键盘切换。

(2)如果存在排练时间,则使用它。指首先排练放映,在排练放映时,人工控制确定每张幻灯片的播放时间及换片时间,由计算机自动记录,而后用它来控制播放。

二、为幻灯片设置切换效果

顾名思义,这种动画效果专用于幻灯片的切换。用户可以在"切换"菜单中设置与之相关的参数,如图5-25所示。

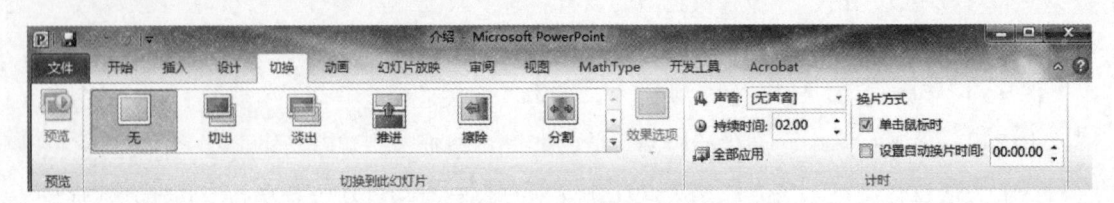

图5-25 "切换"选项卡

选择要设置切换方式的一个或多个幻灯片,然后在"切换到此幻灯片"组中单击一个切换方式即可,若单击其右下方的"▼"按钮,将可以显示更多的切换方式,如图5-26所示。

选择一种切换方式后,还可以在"切换"菜单中执行以下操作对其进行设置。

(1)预览。单击此按钮,可以预览所选切换方式的效果。当选择一个切换方式后,会自动预览一次。

(2)效果选项。选择不同的切换方式时,在此下拉列表中可以改变其切换的方向或效果。

(3)声音。在此下拉列表中可以设置幻灯片切换时的声音。

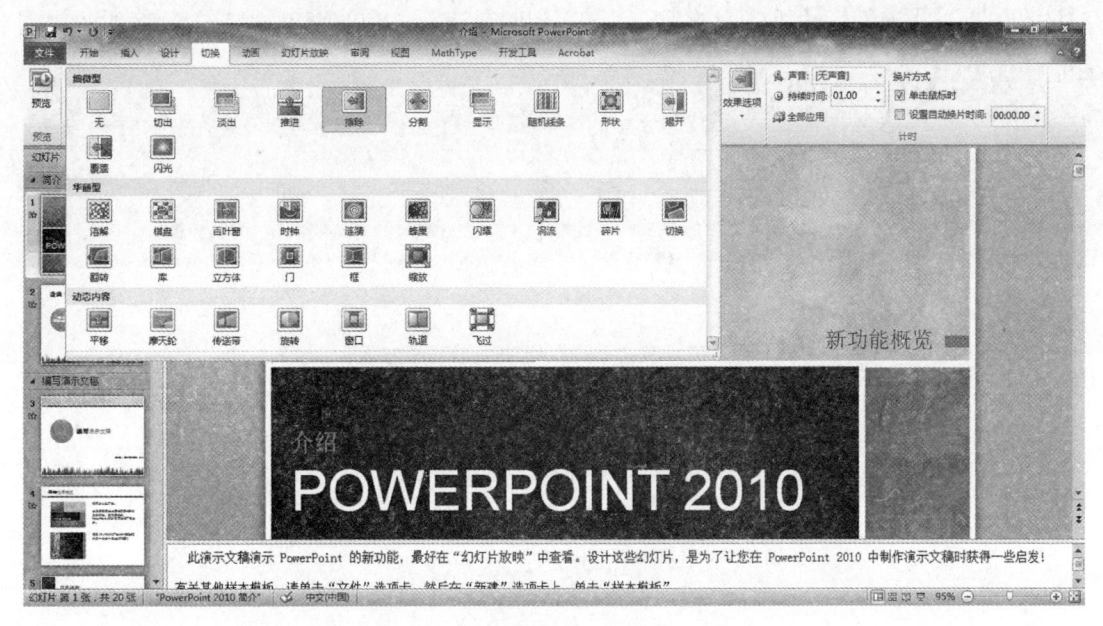

图 5-26 "切换到此幻灯片"组窗口

（4）持续时间。可以设置切换效果所用的时间。其单位为"秒"，通常默认值为 01.00，即 1 秒时间，用户可以根据需要进行修改。

（5）全部应用。单击此按钮，可以依据当前幻灯片的切换效果，将其应用于演示文稿中其他的幻灯片上。

（6）换片方式。可以设置幻灯片切换的触发条件。选择"单击鼠标时"，即在幻灯片上单击鼠标左键时会进行切换；选择"设置自动换片时间"选项并在后面设置一个时间，则自动按照所设置的时间间隔进行切换。

三、为对象设置动画效果

对幻灯片来说，其最大的魅力之一就是可以设置各种不同的动画效果，从而起到突出主题、丰富版面的作用，又大大提高了演示文稿的趣味性。简单来说，用户可以为幻灯片以及幻灯片之中的元素（文本框、图形、图片等）设置动画效果。

下面就来讲解在 PowerPoint 2010 中创建与编辑动画效果的设置方法。

1. 使用预设的动画方案

在 PowerPoint 2010 中，提供了大量的预设动画效果供用户使用，其特点就是自动针对幻灯片及幻灯片中的元素应用动画效果，从而大大简化了动画设置的工作。

在"动画"菜单中，可以设置与动画相关的参数，在"动画"组中，单击一个预设的动画方案即可将其应用于选中的对象，如图 5-27 所示。另外，单击"添加动画"按钮，在弹出的下拉列表中可以设置相同的参数。

添加动画后,可以单击"动画"菜单中的"动画窗格"按钮,在弹出的"动画窗格"对话框中查看当前幻灯片所应用的动画,并可以对其进行适当的编辑,如图 5-28 所示。

图 5-27 在"动画"组中预设动画方案

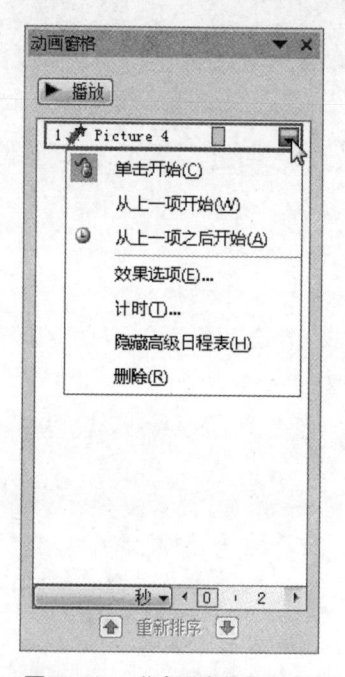

图 5-28 "动画窗格"按钮

> 注意:若单击某个动画效果而没有反应,则说明当前的动画效果并不能应用于所选对象,可尝试选择其他的动画效果。

2. 自定义动画

自定义动画功能主要是应用于幻灯片的元素,即文本、图形、图像及图表等,其中还可以定义动画的具体参数,以满足个性化的动画效果需求。

要自定义动画效果,可以在"动画"菜单中单击"添加动画"按钮,以显示可添加的动画项目,如图 5-29 所示。

若在下拉列表中选择底部的五个命令,可以设置更多各分类的动画,如图 5-30 所示分别是"进入""动作路径"动画的更多动画设置对话框。除此之外。还有"强调""退出"动画具有更多动画设置功能。

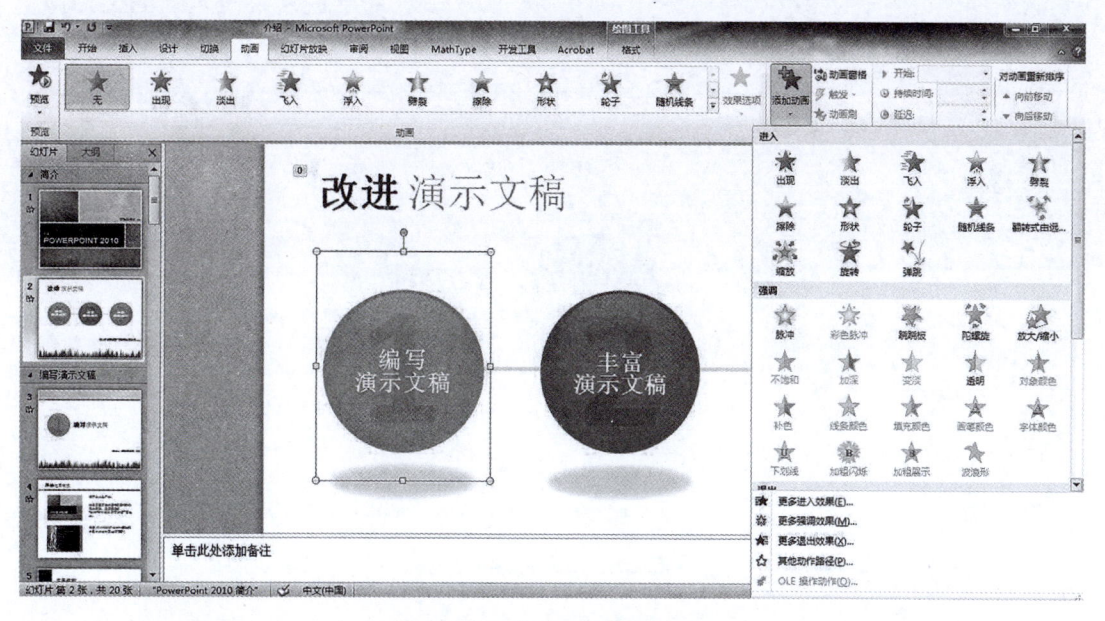

图 5-29 "添加动画"对话框

图 5-30 "进入""动作路径"动画设置对话框

  为对象添加了自定义动画效果后，即可在"动画"菜单中修改其具体的参数，不同的动画效果，其参数也不尽相同。

  另外，在添加了自定义动画后，在"动画"窗格及幻灯片中会显示当前应用的所有自定义动画效果，并按照数字进行编号，如图 5-31 所示，单击该序号即可快速进入自定义动画编辑状态。

181

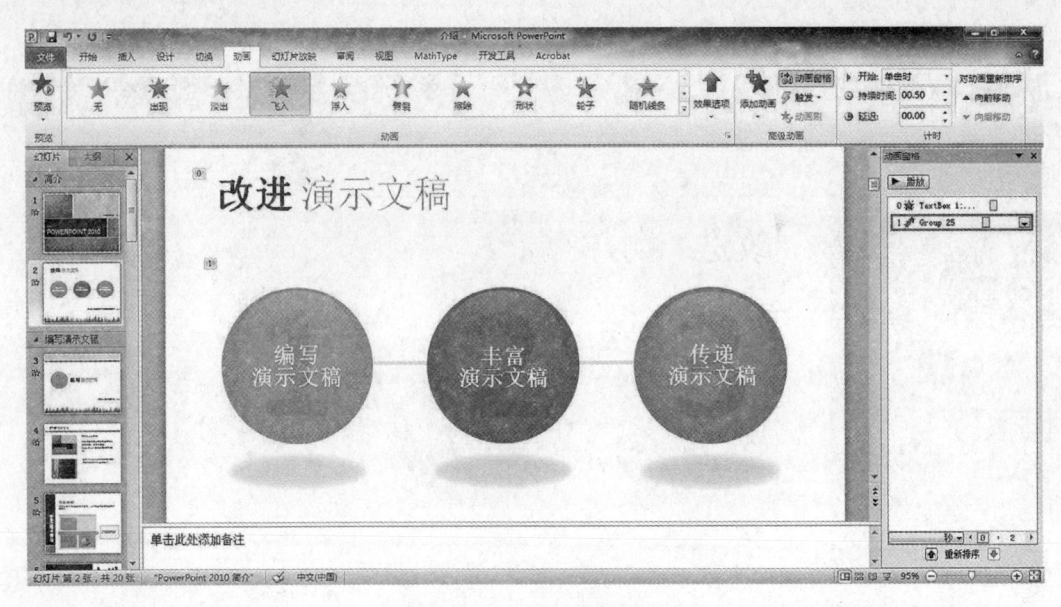

图 5-31　自定义动画编号

四、自定义放映

通过自定义放映的设置，可以指定在当前演示文稿中用于放映的幻灯片，即仅将指定的幻灯片放映出来。

要自定义放映可以在"幻灯片放映"菜单中单击"自定义幻灯片放映"按钮，在弹出的下拉列表中执行"自定义放映"命令，此时将弹出"自定义放映"的对话框如图 5-32 所示。

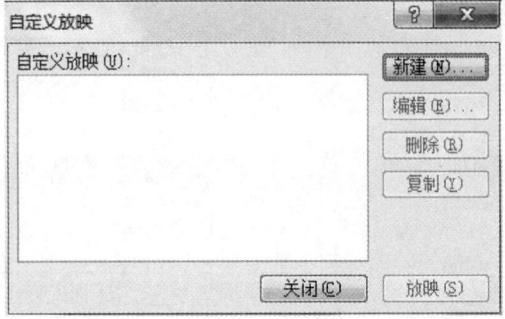

图 5-32　"自定义放映"对话框

（1）新建。单击此按钮，在弹出的对话框中可以输入自定义放映的名称；在左侧的列表中，可以选中多个幻灯片，然后单击"添加"按钮，将其加入自定义放映的范围中。

（2）编辑。在选中一个自定义放映项目后，单击此按钮，可以在弹出的对话框中重新设置要播放的幻灯片及其顺序等。

（3）删除。删除选中的自定义放映项目。

（4）复制。直接创建一个选中的自定义放映项目的副本。

（5）放映。在选中一个自定义放映项目后，单击"放映"按钮即可对其中定义好的幻灯片进行放映。

五、排练计时

在设置无人工干涉的幻灯片时，幻灯片的放映速度会极大影响观者的反应，速度太快，则观者还没有看完，下一张已经自动播放了；而速度太慢，则可能让观者逐渐失去耐心。因此，建议在正式播放演示文稿之前，对幻灯片放映进行排练以掌握最理想的放映速度。

排练幻灯片可分为自动与人工定时两种方法，下面来讲解其设置方法。要自动进行排练，可在"幻灯片放映"菜单中单击"排列计时"按钮，此时将进入幻灯片放映状态，并显示"录制"工具栏，如图 5-33 所示。此时，制作者可以像观者一样，去阅读幻灯片中的内容，当阅读完毕后，单击"下一项"按钮"　"即可，如果放映时间不够，可以单击"重复"按钮"　"重复放映，直至幻灯片放映完毕为止。在每次单击"下一项"按钮以切换至下一张幻灯片时，PowerPoint 2010 都会自动记录下该时间，当放映完毕后，按"ESC"键退出预演模式，此时将弹出类似如图 5-34 所示的对话框，单击"是"按钮，即可将刚刚进行预演的时间保存至幻灯片中。

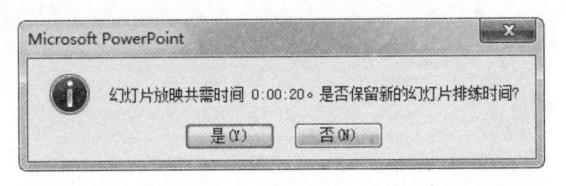

图 5-33　"录制"工具栏　　　　图 5-34　按"ESC"键退出预演模式

而所谓的人工定时，即在前面讲解的"切换"菜单中，选中"设置自动换片时间"选项，并在其后面的输入框中设置切换的时间即可。

参考文献

[1] 刘升贵，黄敏，庄强兵. 计算机应用基础 [M]. 北京：机械工业出版社，2010.

[2] 刘占明，于畅. 计算机应用基础与实训教程 [M]. 长春：东北师范大学出版社，2010.

[3] 郭喜如，周建平. Word 高效应用范例宝典 [M]. 北京：人民邮电出版社，2008.

[4] 黄培周，江速勇. 办公自动化案例教程 [M]. 北京：中国铁道出版社，2008.